KAREN GONZÁLEZ FERNÁNDEZ
ALICIA MERCADO GARCÍA

INTELIGENCIA ARTIFICIAL.
ENFOQUES MULTIDISCIPLINARES

EDICIONES UNIVERSIDAD DE NAVARRA, S.A.
PAMPLONA

Serie: Ciencias Sociales

Cupón para la Biblioteca Virtual

Accede a la versión eBook de este título por solo **1,99 €**. Con la compra de este libro puedes utilizar el siguiente cupón para la lectura en *streaming** desde la Biblioteca Virtual. **Sigue estas instrucciones** para visualizar tu libro:

1. Dirígete a la web de la Biblioteca Virtual en **https://ebooks.eunsa.es**.

2. En la web ve a **Iniciar sesión** e introduce tu email y contraseña. Si no estás registrado, deberás completar el proceso en **Registrarse**.

3. Tras registrarte, accede a la página del libro o lee el QR de esta página. Bajo el precio podrás **insertar el código oculto en el siguiente cupón** para activar la promoción.

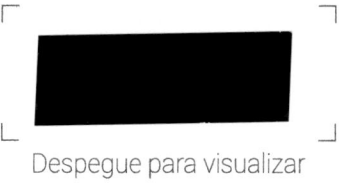

Despegue para visualizar

Acceso directo al eBook

Canjéalo en ebooks.eunsa.es

*Con acceso a internet desde cualquier navegador.

ISBN 978-84-313-4014-8
DL NA 527-2025

Fotografía cubierta
Freepik

Imprime: Podiprint
Printed in Spain – Impreso en España

Índice

Preámbulo

La pertinencia de reunir los presentes artículos es un reflejo de necesidades puntuales e imperativas en el área laboral y profesional, así como de la visibilidad cada vez más creciente de la Inteligencia Artificial (IA). En casi cada dominio de lo cotidiano de nuestras actividades, se encuentra alguna tecnología en la que interviene la IA. La importancia e impacto que va adquiriendo esta nueva disciplina es insoslayable. En efecto, hemos escuchado estos dos términos casi a diario. Sin embargo, ¿a qué se refieren los especialistas al hablar de Inteligencia Artificial? En innumerables ámbitos del conocimiento parecen irse imponiendo las innovaciones tecnológicas relacionadas con la Inteligencia Artificial. Algunas de esas iniciativas computacionales han ido mostrando su peligro no sin razón.

El interés principal de la presente obra es, no sólo la de proponer textos introductorios, sino la de responder a la necesidad de trabajar conjuntamente en los problemas nacidos dentro del área, y también, en las consecuencias éticas, ontológicas, deontológicas y de patente discriminación ante el acceso a ciertas tecnologías de punta relacionadas directamente con la AI por sus siglas en inglés: Artificial Intelligence.

Este libro es resultado del Proyecto de Investigación: "Lógica, Epistemología y Ética de la Inteligencia Artificial", avalado por la Universidad Panamericana, campus Ciudad de México (de agosto de 2020 a julio de 2021). El proyecto surgió a partir de la visión de un grupo de miembros de las Facultades de Filosofía e Ingeniería, quienes percibieron la necesidad de crear espacios de reflexión y trabajo interdisciplinario en torno a los desarrollos computacionales -en primer lugar- de ciencia de datos, y posteriormente, de Inteligencia Artificial y computación en general.

Un resultado crucial de ese grupo de trabajo fue el Seminario de Ciencia de Datos y posteriormente el Seminario "Lógica, Epistemología y Ética de la Inteligencia Artificial" (LEEIA), que contó como miembros fundadores a Karen González Fernández, León Palafox y Enrique Siqueiros. El Seminario LEEIA ha continuado organizándose desde hace 5 años ininterrumpidamente, y se ha consolidado como un espacio en donde diversos especialistas dialogan desde su área con otras disciplinas acerca de su trabajo sobre los alcances y los límites de la Inteligencia Artificial en general.

Para cotejar entre una posición extrema e irrealizable de los progresos tecnológicos implicados, y la aspiración legítima de un mejor futuro, encontramos, en efecto, que se exige un acercamiento multidisciplinario al buscar claridad, profundidad y conocimiento en el tema. Esta obra está pensada para el público que desee tener un primer acercamiento tanto a la Inteligencia Artificial como a las problemáticas centrales en torno a esta disciplina relativamente nueva. El lector podrá constituir un panorama global de los avances de la IA e informarse sobre los alcances menos diáfanos por regular mediante normas y leyes, o decididamente frenarlos, como se ha hecho con la reciente aparición del Acta IA Europea. En cuanto al contenido de este libro, el acento de cada aportación en cada uno de los capítulos, pone de relieve el acceso a temas muy complejos en un lenguaje y términos abordables, mas conservando el vocabulario técnico necesario, para dar continuidad, a quien desee lecturas futuras. De la Pedagogía al Derecho, de la Ingeniería a la Filosofía. La riqueza temática de esta obra en su conjunto, procura en el lector un deseo casi inmediato de profundizar en la disciplina de su interés. Ya sea en Ciencia de Datos (CD), Grandes datos (Big Data, BD), Aprendizaje de máquina (Machine Learning, ML), y Aprendizaje Profundo (Deep Learning), por mencionar algunos ejemplos.

Por otra parte, si bien es al público universitario a quien se dirige el contenido del libro, no deja por ello de ser propicia la lectura a cualquier neófito en el área de la IA. Incluso los profesionistas más especializados encontrarán reflexiones interesantes provenientes de la Ética, las cuales manifiestan las repercusiones –no fácilmente concebibles–, cuando el ser humano pierde el lugar principal ante las nuevas tecnologías y, por ende, que influyen de un modo o de otro en la trayectoria de las investigaciones por venir.

La presente obra está dirigida a estudiantes de los primeros años de universidad, pero también para quienes estén en posgrado e incluso desarrollando nuevas inteligencias artificiales. Para ellos, decidimos organizar los textos respetando un orden inductivo. Iniciamos la obra con un artículo cuyo tinte es práctico. Conforme se va avanzando en el texto, los capítulos se van acercando a las ciencias humanas, con un tono más teórico. El Derecho, la Filosofía y la Ética, son ópticas indispensables para tener un criterio más completo de la complejidad y dificultades para definir, acotar o restringir la Inteligencia Artificial.

En el primer capítulo intervienen autores cuya especialidad es la ingeniería. Desde este primer ángulo hicimos un vínculo con la heurística y la aportación de Herbert Simon como uno de los pioneros de la IA. Este es, en efecto, el contenido del segundo capítulo. En el tercer capítulo el lector encontrará elementos para reconocer la importancia de un acercamiento multidisciplinario a las cuestiones de la Inteligencia Artificial. Más adelante, en el capítulo cuarto, se aborda la proposición "a human in the loop", a saber, la intervención indispensable de un ser humano cuando se apliquen las inteligencias artificiales, pero llevándola a una nueva dimensión en la cual se trabaja conjuntamente, par a par con las máquinas, y en donde cada parte tiene una intervención privilegiada y complementaria. El quinto capítulo no deja de tener un papel medular en esta compilación, pues trata un problema, que si bien podría parecer anodino para quienes están concentrados únicamente en los resultados, invita justamente a la filosofía para exigir la fiabilidad de los datos y el camino seguido por medio de inteligencias artificiales, el cual debe ser esclarecido e incluso diáfano en la obtención de las conclusiones.

Un verdadero regocijo simbólico está expuesto en el capítulo sexto, en él se estudia el tema en boga desde la Lógica. También cerca de esta misma disciplina está escrito el séptimo capítulo. La aportación de ese artículo a esta obra es el aspecto argumentativo detrás de la codificación. Además, es una óptica de estudio necesaria en la IA, aunque menos difundida y no por ello le resta un lugar central en el desarrollo venidero.

La ciencia ficción, al ofrecernos futuros cercanos y a veces utópicos, es un espacio habitual de confusión entre lo actual de la Inteligencia Artificial, su avenir y sus probabilidades. En este mismo capítulo octavo está incluida la visión de las ciencias, la filosofía y también del arte; un pasaje imprescindible para hacer la par entre lo imaginario y lo real en la Inteligencia Artificial.

Para finalizar el libro, escogimos un artículo que analiza la temática desde la pedagogía. Este texto regresa a lo práctico, al aprendizaje y, sobre todo, a uno de los valores esenciales de toda democracia: la libertad. ¿La Inteligencia Artificial puede manipular nuestras decisiones? Lo central parece resumirse en si perdemos parte de nuestra libertad dejando acceder a las inteligencias artificiales en la privacidad de nuestras vidas, y en nuevas maneras de aprender y acercarnos a la realidad. El lector continuará constituyendo su propio criterio sobre el lugar que ha de concederse a la Inteligencia Artificial al concluir este capítulo

Cabe decir que el desafío mayor de este libro fue, sin lugar a dudas, no perder la calidad científica con la divulgación de temas tan álgidos, y conseguir cierta unidad además de la temática central. Una última razón de esforzarnos por concretar este proyecto fue dar un breve homenaje a Carlos César Jiménez, quien falleciera antes de ver esta obra terminada.

Por último, agradezco a la doctora Karen González por su generosidad invitándome a participar en esta edición dedicada a la Inteligencia Artificial. El enriquecimiento fue mutuo. El contenido de cada artículo, y las pocas sugerencias que se le puede solicitar a un especialista en su área, para hacer más accesible el acercamiento a su percepción sobre los hitos del problema, o bien del modo en que pudieran vislumbrarse mejores soluciones —o algunas más respetuosas para la humanidad y su avenir—, fueron un aliciente para simplificar tanto como se pudiera, los temas más complejos.

Dra. Alicia Mercado García.
mmercado.3@alumni.unav.es

Capítulo 1
¿Qué es la Inteligencia Artificial?

Edgar Avalos Gauna, María de Lourdes Martínez Villaseñor, León Felipe Palafox Nóvak, Karina Ruby Pérez Daniel, Antonieta Martínez Velasco e Hiram Eredín Ponce Espinosa

Resumen

¿Cómo definir el concepto de Inteligencia Artificial? De manera general, la definición aceptada por consenso dice que la Inteligencia Artificial es enseñarle a una computadora, por medio del modelado de datos, a ejecutar una tarea de forma similar a como lo harían las personas. Sin embargo, aunque sencilla la definición, en ella se tocan conceptos complejos. Por ejemplo, ¿realmente podemos hablar de inteligencia cuando la computadora sólo es capaz de realizar la actividad que se le enseñó y no otra? ¿realmente podemos hablar de enseñanza a un elemento inerte? A pesar de estas y otras cuestiones, la Inteligencia Artificial ha logrado posicionarse en varios aspectos del quehacer diario y se ha vuelto en la expresión de moda. Hoy en día, la Inteligencia Artificial ha permeado hacia diversas áreas y aplicaciones dentro de la industria, la academia y actividades cotidianas en general. Pero, ¿qué es precisamente la inteligencia artificial? Cuando se habla de máquinas inteligentes, ciertamente no se refiere a entes como aquellos vistos en las películas, capaces de razonar y en algunos casos de sentir. Más bien hablamos de herramientas diseñadas para tareas muy específicas y que durante su ejecución, son capaces de llevarlas con mucha habilidad, con gran nivel de autonomía y sin intervención humana.

Aún con las limitaciones que presenta la inteligencia artificial, es sin lugar a duda una de las herramientas más importantes para el futuro. La firma de inteligencia IDC estimaba que para 2023 se gastarían más de 97 mil millones de dólares en la implementación de herramientas de IA. Información publicada en el foro económico mundial de 2020 identifica a la Inteligencia Artificial, así como otras disciplinas relacionadas como las que mayor crecimiento tendrán en los próximos 5 años. Hoy más que nunca las empresas no pueden prescindir de aprovechar las tecnologías para obtener el mayor beneficio sobre de cada peso invertido y convertirlo en ganancia. Es por eso, que en este momento en el que estamos viviendo, las herramientas de Inteligencia Artificial en todo el mundo deberán ser adoptadas de forma ordenada y acelerada, para garantizar un impacto real dentro de los negocios, las empresas, la sociedad, y no simplemente un humo blanco que prometa solucionar problemas que no existan.

Introducción

Cada aspecto de nuestra sociedad ha sido influenciado por una fuerza que, durante esta última década, parece no tener límites. Este movimiento está dado por la revolución tecnológica del "Big data", la Inteligencia Artificial (IA) y la Ciencia de datos. Debido a la velocidad con la que se está generando este fenómeno, la demanda por especialistas en el manejo de la información, ingenieros en inteligencia artificial, científicos de datos, analistas de datos, entre otros, ha crecido a un ritmo nunca antes visto. No por nada se ha publicado gran cantidad de información en foros internacionales al respecto. Ejemplos hay varios, por un lado está el conocido reporte de la "Harvard Business Review" publicado en 2012 donde se menciona que el científico de datos está llamado a ser el trabajo más sexy del siglo 21 (Davenport and Patil, 2011). La consultora MacKinsey publicaba en 2011 que para 2018 iba a existir una escasez por profesionistas especializados en esta área del conocimiento[1].Este último dato ha sido corroborado por Gregory Piatetsky-Shapiro en su publicación "How many Data Scientists are there and is there a shortage?". Así mismo, existe la información que se publicó en 2020 proveniente del foro económico mundial, en donde se muestran varias proyecciones sobre el crecimiento e impacto que tendrán aquellos profesionistas que tengan conocimiento en estas áreas en años venideros (Forum, 2020). Como se podrá ver, esta revolución no es pasajera. Durante los siguientes años el ritmo acelerado de crecimiento seguirá aumentando a algo que solo puede ser comparable a una curva exponencial (González-Fernández et al., 2020). De ahí la importancia de estudiar el concepto y aquellos elementos que la conforman.

Primeramente, está el concepto de inteligencia artificial (IA), que tiene sus orígenes en la afamada conferencia de Dartmouth de 1956[2] (Ongsulee, 2017). Sin embargo, hacer que una máquina trabaje y sobre todo que piense igual que lo hacemos las personas ha sido motivo de interés desde mucho tiempo antes de la celebración de dicho congreso. Existen claras muestran sobre intentos anteriores donde los seres humanos han buscado de dotar de cierto

---

1. Información obtenida directamente del blog informativo de la compañía: https://www.mckinsey.com/business-functions/mckinsey-digital/our-insights/big-data-the-nextfrontier-for-innovation.
2. El proyecto de investigación sobre la inteligencia artificial ocurrido en el colegio de Dartmouth, New Hampshire en el verano de 1956 es generalmente reconocido como el hito que marca el inicio de la Inteligencia Artificial como se le conoce actualmente (Kline, 2011).

nivel de inteligencia a las máquinas (Shinde and Shah, 2018). Por ejemplo, están los desarrollos relacionados con actividades lúdicas en la década de 1950. Pero a pesar de cualquier esfuerzo anterior, no fue sino hasta el surgimiento de la combinación de las aproximaciones propuestas durante la ya mencionada conferencia aunado a los intereses de John McCarthy y Claude Shannon que realmente se puede hablar de IA (Moor, 2006). Varias décadas han pasado desde la celebración de este evento, y durante todo ese tiempo la IA ha pasado por momentos buenos acompañados de grandes logros (reconocidos como las primaveras de IA). Como muestra se tiene el entusiasmo que se generó con el desarrollo del perceptrón por parte de Frank Rosenblatt (Yasnitsky, 2019). En contra parte, la IA también ha experimentado momentos bajos en los que el interés por los desarrollos casi desaparece por completo (en contraparte a las primaveras, los inviernos de IA) (Shin, 2019). Estos cambios de interés sobre el concepto de IA por parte de la comunidad académica y la sociedad en general están relacionados con los usos e implementaciones que se hayan logrado alcanzar en esas fechas, la cantidad de información disponible en el momento, y la tecnología de la época.

La IA ha avanzado mucho desde entonces, y como ejemplo tenemos las abundantes implementaciones que nos rodean actualmente. Desde poder determinar nuestra ubicación actual, optimizar distancias y tiempos en los trayectos, proveernos de alternativas a productos que queremos adquirir, detección automática de anomalías en líneas de producción, clasificación de artículos de diversa índole, análisis de imágenes y vídeo, segmentación de grupos, herramientas de traducción entre idiomas, entre muchos otros. Pero ¿Realmente entendemos el concepto de IA? ¿Es claro para todas las personas lo que significa dotar a una máquina de IA? ¿Existen razones por las cuales debamos estar preocupados de la IA? En décadas pasadas, varios intentos se han dado en tratar de dar una definición adecuada al concepto de IA. (Helm et al., 2020) menciona como en sus inicios en el siglo pasado, se consideraba a la IA como "la teoría de exhibir lo que se identifica como inteligencia humana por parte de las máquinas". (Shinde and Shah, 2018) comparte esta idea al definirla como lograr que las maquinas sean tan inteligentes como el cerebro humano. Este tipo de definiciones más que proveer claridad en el concepto, han logrado una mayor incertidumbre en la percepción que la sociedad tiene de la IA. Existe otro tipo de definiciones que en cierta medida se pueden catalogar como más conservadoras. Por ejemplo, (Dobrev, 2004) la define como la capacidad que tiene un programa de desempeñarse de forma similar a una persona en una actividad específica en un mundo arbitrario. Esta última definición provee un punto clave sobre que la IA sólo puede realizar una tarea específica, a diferencia de las personas que pueden desempeñar actividades múltiples. Sin embargo, el problema que tienen todas estas definiciones es que en la actualidad aún no existe ningún dispositivo que pueda acercarse a replicar la inteligencia humana en todos los sentidos. De forma aislada, las máquinas han replicado comportamientos puntuales, pero asumiendo ambientes controlados. Por ejemplo, es posible enseñarle a una máquina a reconocer mediante imágenes cuando un artículo está dañado o no. Una vez terminada la fase de entrenamiento es probable que el algoritmo alcance altos niveles de precisión para desempeñar su tarea. Sin embargo, basta con cambiar el nivel de nitidez de la imagen o el contraste de luz para que entonces experimentemos un fenómeno conocido como *"Data drift"*[3] y el algoritmo ya no sea funcional.

---

3. *Data drift* es el nombre que se le da al cambio de la distribución de una variable X con respecto al tiempo.

Es por esto mismo, que actualmente podemos encontrar definiciones que buscan acotar el concepto a la situación que el dispositivo debe desarrollar. Por ejemplo, (Duan et al., 2019) la identifican como la habilidad por parte de una máquina para aprender a partir de la experiencia (datos históricos almacenados), a ajustarse a nuevas entradas de información y a partir de ello realizar actividades cuasi humanas. De manera similar, la Organización Internacional de Estándares (ISO), la identifica como la simulación de los procesos intelectuales humanos mediante algoritmos integrados en un entorno dinámico y basado en datos (ISO, 2019). Si se analizan todas las definiciones que se mencionaron, es posible observar que comparten elementos semejantes entre sí o elementos claves que aportan a la definición de IA. Por un lado, la idea de que una máquina (computadora o dispositivo) pueda replicar un comportamiento humano específico (lo que se podría adjudicar a cierto nivel de inteligencia). Por otro lado, el hecho de que para replicar dicho comportamiento, la máquina debe de hacer uso de algoritmos específicos y tener a su disposición grandes cantidades de información (experiencia) que le sirva para tomar decisiones posteriores. Para efectos del presente capítulo, el concepto de IA se define recopilando elementos de las definiciones anteriores, en conjunto con el trabajo propuesto por (Wang, 2019) y finalmente con contribuciones de los autores de la siguiente manera:

Inteligencia Artificial es la capacidad de un dispositivo capaz de procesar información, de adaptarse a su medio a través de la información que se posea a partir de la experiencia (datos históricos), y a partir de un proceso similar al aprendizaje, tomar decisiones a un nivel similar al de las personas.

Una vez establecida la definición del concepto de IA, hay que analizar bajo qué contextos se puede implementar. Contrario a lo que muchos pensarían, el concepto de la IA no es solamente propio de las áreas relacionadas a las ciencias de la computación, o ingenierías, sino que está impactando en casi todas las disciplinas del conocimiento (Ertel, 2018). Dichas implementaciones han ido en aumento de forma acelerada. Este aumento de demanda por parte de las personas ha hecho que las aplicaciones de IA hayan trascendido a la esfera académica y han logrado su inmersión en la industria, actividades sociales y en la vida personal. Esto se debe mucho a que las personas en el día a día, hacen cada vez más uso de esta tecnología que bien podría clasificarse como disruptiva. Hay gran cantidad de ejemplos de aplicaciones de IA en medicina, finanzas, economía, administración, mercadotecnia, biología, química, y otras disciplinas. Esta rápida transición sigue en un ciclo continuo que muestra una tendencia a seguir acelerando con el tiempo (Duan et al., 2019). Finalmente, al incrementarse los avances sin tener un claro panorama sobre los elementos que la rodean, no se vislumbran las ramificaciones que se pudieran generar debido a la IA. Actualmente, la IA toma cada vez mayor relevancia por lo que es necesario lograr un nivel de conciencia sobre todas las implicaciones que conlleva y no sólo de los beneficios que genera. Recientemente, los centros de investigación y universidades en todo el mundo que proveen programas relacionados con la IA, están incorporando como parte de su plan de estudios, disciplinas que proveen ángulos de análisis para la IA que no sean sólo de origen científico-tecnológico, si no también filosófico-humano. En resumen, actualmente estamos viviendo en una época de muchos cambios, de los cuales, la gran mayoría tienen una estrecha relación con el concepto de IA. Es posible identificar aspectos positivos de la aplicación de esta tecnología como se verá en la siguiente sección, pero al mismo tiempo hay que hacer un análisis más profundo sobre las posibles implicaciones de un mal manejo de la misma. Esto último se revisará con más detalle en la sección de Problemas Éticos de la Inteligencia Artificial.

1. Implementaciones recientes de la Inteligencia Artificial

A lo largo de las últimas décadas, la IA ha logrado abrirse paso en diversos campos de estudio. Esto gracias a la gran cantidad de datos que se han almacenado a través de los años mediante la investigación científica; aunado al mejoramiento en las capacidades para procesar estos datos para convertirlos en información. Actualmente, la gran mayoría de las ciencias y disciplinas del conocimiento están haciendo uso de las ventajas que ofrece la IA en predicción, clasificación, clusterización, entre otras. En conjunto con el *"Big Data"* se han logrado resolver problemas de diversa índole. La IA puede hacer uso de datos históricos, o con la implementación de sensores (datos en tiempo real), o a través de un sistema periódico de recolección de datos. Siempre que exista una situación en la que se necesite trabajar con gran cantidad de información, con múltiples variables, o simplemente un problema para el cual no exista un modelo analítico, es una ventana de oportunidad para la IA. A continuación, en las siguientes sub-secciones se presentan algunos de los ejemplos sobre las implementaciones que ha tenido la IA.

1.1. *Computación*

Las Ciencias de la Computación fueron de las primeras en hacer uso de este tipo de tecnología. Desde sus inicios, la IA ha logrado que las máquinas realicen ciertas actividades a partir de reglas específicas. Estas reglas son interpretadas por la máquina mediante el uso de un lenguaje de programación. Para hablar de IA en computación, no hace falta mencionar ejemplos muy complejos, existen casos como la detección de niveles de operación de un equipo o tiempos de activación de una compuerta, por mencionar algunos. Mediante la experiencia, análisis, o experimentación, las personas pueden establecer estos límites. Supongamos los niveles de temperatura dentro de un CPU. Una vez conocidos estos niveles es posible indicar al sistema cuando debe activar los disipadores de calor. Otros ejemplos ya más avanzados y actuales, propios del campo, son los que se ven en el manejo de seguridad de los sistemas informáticos, automatización de procesos, optimización de servidores, desarrollo de software, distribución de recursos, etc. A este tipo de interacción, en la que el sistema recibe una entrada de información y da una respuesta o acción, se le conoce como agentes (Ertel, 2018). La respuesta del agente puede darse mediante algún software (programas, aplicaciones móviles, etc.), o mediante un hardware específico (máquinas, robots, actuadores, sensores, etc.). Los agentes en sí, representan toda una área de investigación dentro del universo que representa la IA, y es posible ubicar su estudio a finales del siglo pasado.

1.2. Otras áreas de la Ingeniería

De forma casi paralela a las aplicaciones en computación, los algoritmos de IA se fueron abriendo paso en la investigación científica relacionada con las diversas áreas de la Ingeniería. El modelo que mayoritariamente es empleado en varias de sus versiones es la regresión lineal. Este modelo nos permite mostrar la relación que tenga un grupo de variables descriptoras x con respecto a una variable resultante y. Este tipo de análisis es el que frecuentemente se realiza en disciplinas como Química, Electrónica, Ciencia de materiales, Mecánica, Termodinámica, Dinámica de fluidos, etc.

Por ejemplo, cuando un nuevo material se analiza, es un proceso arduo que regularmente toma varios años en realizar. Anteriormente, a este proceso se le refería como los 3 paradigmas para el descubrimiento de materiales. Durante las primeras etapas de análisis, los materiales se estudiaban de forma experimental casi en su totalidad. Logrando obtener resultados a base de prueba y error. Posteriormente con el pasar de los años, se fueron proponiendo leyes y formulaciones matemáticas. Dichas expresiones buscan explicar la relación entre las características estudiadas y los resultados obtenidos. De este modo se buscaba controlar el resultado final del material. Finalmente, con la llegada de las computadoras, a mediados y finales del siglo XX se popularizó el uso de herramientas de simulación numérica computacional para agilizar el proceso de caracterización de los materiales (Agrawal and Choudhary, 2016). Sin embargo, con ayuda de la IA, este tipo de estudios han ido acelerando en tiempo y mejorando en precisión de resultados (Avalos Gauna and Palafox Novack, 2019), dando paso a un cuarto paradigma del descubrimiento de materiales. Este proceso se resume en la Figura 1.

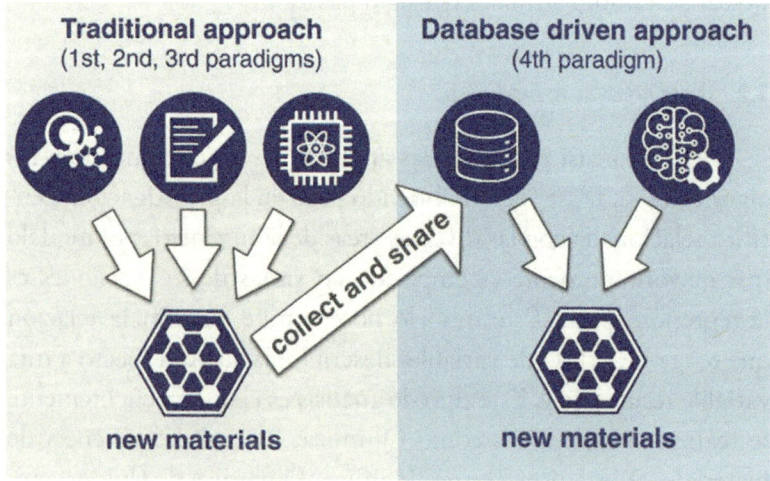

Figura 1.   Esquema de los 4 paradigmas para el descubrimiento y caracterización de nuevos materiales, (Himanen et al., 2019).

Es en esta búsqueda de (nuevos) materiales con propiedades específicas para aplicaciones ya definidas, es en donde este tipo de paradigma de investigación está siendo más empleado (Rondinelli et al., 2013). Gracias a esta nueva área de investigación, el público en general se ve beneficiado al tener acceso a productos que mejoren su calidad de vida, que hacen uso de mejores materiales, y que tengan una menor huella ecológica. El impacto colectivo de las características inherentes al "*Big Data*" es lo que hace que su aplicación en la búsqueda de la relación entre materiales-funcionalidad, sea de tanta utilidad.

1.3. Ciencias de la vida

En la actualidad son pocas las actividades humanas que son ajenas a las tecnologías basadas en la Inteligencia Artificial. En el área de la Medicina y cuidado de la Salud, el uso de estas herramientas ha crecido a gran velocidad, con resultados potencialmente influyentes para el ser humano y para la sociedad en su conjunto. En parte, esto se debe al incremento en la complejidad y cantidad de datos disponibles a través de la práctica clínica. Las principales áreas en las que se aplica la IA son: diagnóstico y pronóstico de enfermedades; aplicaciones administrativas para hacer más eficientes los cuidados de la salud; automatización de tareas tales como manejo de información digital, radiología y patología, entre otros. Las áreas de la medicina como radiología, oftalmología y dermatología han usado tradicionalmente el diagnóstico basado en imágenes. En dermatología, por ejemplo, la inspección es un importante medio para el diagnóstico de muchos tipos de lesiones cutáneas. Para el diagnóstico de melanoma cutáneo mediante inspección, en general, los dermatólogos evalúan cinco criterios. El primer criterio se refiere a la asimetría geométrica del tumor, el segundo a los bordes irregulares, el tercero la presencia de color no homogéneo, el cuarto a un diámetro igual o superior a 6 milímetros y en quinto lugar, al agrandamiento de la superficie de la lesión o lesión en evolución

(Rigel et al., 2005). A excepción del quinto criterio, los demás criterios son bastante específicos y pueden evaluarse a partir de una fotografía de la lesión. Esto abre un área de aplicación de la IA para apoyar a los médicos con herramientas en la toma de decisiones para el diagnóstico de enfermedades. Prueba de ello, es el desarrollo creado por Google para diagnóstico de enfermedades en la piel. Este tipo de tecnologías cobran especial relevancia si se toma en cuenta que los expertos en algunas áreas de la salud no siempre están disponibles para ser consultados. La gente de Google detrás del diseño de esta aplicación menciona que cada año cerca de diez mil millones de solicitudes hechas en su motor de búsquedas están relacionadas con condiciones en la piel, cabello, o las uñas (Bui, 2021). Para lograr que esta tecnología funcione, la IA hace uso de una rama particular de conocimiento para el análisis de imágenes conocida como visión por computadora (Jahne, 2000). El análisis de imágenes por medio de visión por computadora es algo que ya cuenta con varios años de estudio y con varios usos. Dentro de este campo de estudio, una de las principales herramientas para el análisis y clasificación de imágenes son las redes neuronales convolucionales (CNN, por sus siglas en inglés). Las imágenes deben ser aquellas que tradicionalmente un especialista estudia para diagnosticar dichas enfermedades. Recientemente se han realizado estudios para detectar cáncer en la piel por medio de CNN. En 2017, este algoritmo de aprendizaje profundo superó la precisión en los resultados de los dermatólogos promedio en una prueba de las predicciones del algoritmo y las evaluaciones de 21 dermatólogos en un conjunto de imágenes fotográficas y dermatoscópicas (Esteva et al., 2017). Si bien, la fase de entrenamiento del modelo de aprendizaje profundo puede ser computacionalmente costosa, el modelo de diagnóstico finalizado se puede implementar en dispositivos móviles, lo que puede hacer accesible el diagnóstico a servicios de salud que no cuentan con un experto en dermatología.

De forma similar en radiología, el diagnóstico se basa en diversas modalidades de imágenes como rayos X, la tomografía computarizada, la resonancia magnética y la tomografía por emisión de positrones, entro otras. En cada caso, los radiólogos utilizan una colección de imágenes para la detección y el diagnóstico de enfermedades, para identificar la causa de la enfermedad y para dar seguimiento a la trayectoria del paciente durante el curso de una enfermedad. Estas tareas son susceptibles de utilizar técnicas de aprendizaje profundo, ya que las imágenes a menudo contienen una gran proporción de la información necesaria para llegar al diagnóstico correcto. En oftalmología, es rutinario obtener fotografías del fondo del ojo. En éstas se capturan imágenes de la retina, disco óptico y mácula. A través de las imágenes, el especialista puede diagnosticar diversas enfermedades causantes de la pérdida de la visión. En particular, para el caso de personas diabéticas la Asociación Americana de diabetes recomienda el seguimiento anual o más frecuente de la aparición de retinopatía diabética. Esto lleva a la necesidad de evaluar a millones de pacientes en riesgo potencial de daño en la visión. Este problema ha sido abordado por la IA a través de las CNN, a partir de las imágenes de fondo de ojo (Abràmoff et al., 2016). Adicionalmente, al examinar el historial médico de los pacientes, los datos obtenidos han permitido asociar patrones en las imágenes de la retina con edad, sexo, presión arterial sistólica y tabaquismo con técnicas de IA (Poplin et al., 2018). En patología, la evaluación histopatológica es de vital importancia para diagnosticar diversos tipos de cáncer. El procedimiento implica procesar una biopsia de tejido en portaobjetos y teñirla con pigmentos, para que los patólogos expertos interpreten visualmente las imágenes. Algunas características de la imagen de histopatología son difícilmente perceptibles para el ojo humano que pueden aportar datos para hacer más preciso el diagnóstico de algunos tipos de cáncer (Yu et al., 2016). Este también es un campo en el que las redes neuronales convolucionales pueden ser aplicadas. Con el advenimiento de las redes neuronales convolucionales profundas, un sistema automatizado podría ayudar a cubrir la falta de especialistas en patología para proporcionar una evaluación objetiva de las diapositivas de histopatología, y mejorar la calidad de la atención a los pacientes con cáncer. Llevar los resultados de investigación a aplicaciones clínicas ha sido complicado, sin embargo, plantea la posibilidad de cambiar la práctica médica actual (Yu et al., 2018). Otra aplicación de la IA en ciencias de la salud es en el estudio del genoma humano. Este se encuentra en constante evolución y es difícil comparar el genoma de un paciente con estudios de casos y controles. Esto se logra por medio de redes neuronales profundas, que se aplican para identificar variantes genéticas patógenas. Las redes neuronales profundas pueden identificar variantes genéticas patógenas mejor que los métodos convencionales. Por medio de herramientas de IA, se realiza el análisis y descubrimiento de patrones en el genoma humano. De esta manera, se identifican las interacciones dentro del genoma para descifrar el funcionamiento del mismo (DePristo and Poplin, 2017). Resulta casi imposible analizar e interpretar manualmente la información obtenida a partir de miles de genes y proteínas acerca de las posibles aberraciones genómicas. Por esta razón, la IA se aplica en la búsqueda de biomarcadores, con el fin de detectar enfermedades o sus procesos. Esto se logra identificando correlaciones no reconocidas previamente entre miles de mediciones y enfermedades (He and Yu, 2010).

Una posible disminución de los problemas provocados por las enfermedades complejas puede ser la prevención de ellas por medio de la prognosis apoyada por los métodos desarrollados en aprendizaje automático. Adicionalmente, los datos de los historiales médicos de los pacientes se usan en ML para diagnóstico y pronóstico de enfermedades. Esto se logra por medio del aprendizaje supervisado, en donde los modelos aplicados aprenden de los datos almacenados en los historiales médicos, para predecir si un paciente padece o está en riesgo de la enfermedad. Esto puede ayudar a los médicos y pacientes a seleccionar un tratamiento preventivo de las enfermedades, en concordancia con la tendencia actual a personalizar la medicina (Martínez-Velasco and Martínez-Villaseñor, 2017). Los robots autónomos aplicados a la cirugía son otra importante aplicación de la IA. Hay diversas aplicaciones de robots dirigidos a distancia en medicina. Entre ellos está da Vinci (Peters et al., 2018), un robot usado para hacer cirugías vía remota. En suma, los sistemas basados en IA pueden apoyar en la toma de decisiones clínicas, facilitar el diagnóstico de enfermedades, identificar imágenes o patrones genómicos no reconocidos previamente y ayudar en intervenciones quirúrgicas para diversas enfermedades, entre otras aplicaciones. Una aportación importante de la aplicación de la IA es llevar la experiencia clínica a regiones remotas donde los especialistas no están disponibles (Jones et al., 2018). Así como impulsar a la medicina personalizada, con énfasis en la prevención, el diagnóstico temprano y el tratamiento de las enfermedades para evitar complicaciones y lograr los mejores resultados para los pacientes. Es innegable que el camino de la prevención y la promoción de la salud es la opción adecuada por razones humanitarias y sociales, además de por razones económicas.

1.4. *Finanzas y economía*

Una de las áreas que más beneficiadas se han visto por el uso de la Inteligencia Artificial han sido las finanzas. Desde bancos establecidos, pasando por fondos de inversión y llegando a las Fintech. Los grandes bancos utilizan las herramientas para colocar y aprobar créditos. Mucho del mercadeo moderno, se basa en modelos de aprendizaje automático para saber precisamente qué cliente se le debe ofrecer cuál producto o promoción. En los bancos, mucha venta cruzada se debe a modelos de canasta (Hormozi y Giles, 2004), donde podemos predecir qué productos son más probables que un cliente adquiera, dada su cartera presente de productos. También, los grandes bancos utilizan estos modelos para poder predecir y adelantarse al comportamiento de sus clientes y de esa forma incentivar el uso de algunos de los productos crediticios que esos clientes tengan a su disposición (Leo et al., 2019). Existen múltiples fondos de inversión que a diario utilizan Inteligencia Artificial para seleccionar qué acciones elegir en un portafolio. Existen estrategias de inteligencia artificial rápida, para poder hacer operaciones en cuestión de segundos, el denominado *fast trading*. Pero también hay diversos fondos de inversión que utilizan modelos más complejos que toman en cuenta los retornos pasados y las predicciones de retornos futuros para poder crear portafolios donde la alfa (ganancia) sea lo suficientemente grande. Por último, las *startup* estilo *Fintech* están basando mucho de su éxito en el uso de herramientas analíticas para atacar problemas como la colocación de préstamos, otorgar bajos créditos y simplemente otorgar servicios financieros. Un ejemplo de esto es *Ant Financial*, empresa de China, que a la fecha se ha vuelto una de las empresas con mayor número de desarrollos en IA, y que se encuentra a la vanguardia en el mundo de los pagos electrónicos. En México, la empresa Nubank, que ha revolucionado Brasil, utiliza IA para poder agilizar también muchos de sus servicios y ofertas en el mercado y tratar de esa manera agilizar procesos que a los bancos tradicionales les ha tardado mucho realizar.

Vale la pena mencionar, que en el caso de los servicios financieros, hay una agenda muy fuerte para regular los mismos, y poder de esa manera asegurarnos que esas decisiones, que en muchas ocasiones cambian la vida de las personas, estén sujetas a la menor cantidad de sesgos posibles. En Estados Unidos, todos estos sistemas tienen que ser capaces de reportar qué factores influyeron en la decisión de otorgar o no un crédito.

1.5. Administración y toma de decisiones

En la actualidad vivimos en una era de transformación digital y el problema de sobrecarga de datos se hace cada vez más presente. Nuestra capacidad de analizar y entender conjuntos masivos de datos es muy baja, comparada por ejemplo con nuestra capacidad de recolectarlos y almacenarlos. El problema radica en que dada la gran cantidad de datos, hacer un análisis e interpretación manual de ellos ya no es posible. Esto ha influido de manera considerable en el campo de la administración y la toma de decisiones. Es imperante para cualquier empresa ser capaz de hacer esta toma de decisiones basada en los datos que actualmente posean y no basarse en la mera intuición (Provost y Fawcett, 2013). El economista Erik Brynjolfsson junto con su equipo mostraron que, estadísticamente hablando, cuanto más una empresa utilice la información que tienen como parte de su proceso de toma de decisiones, no solo será más productiva, sino que también logrará un mayor valor de mercado, y de rentabilidad (Brynjolfsson et al., 2011). Ha esta recolección de datos, análisis información, y aplicación de nuevos hallazgos estratégicamente a las decisiones de la empresa, se le conoce como inteligencia de negocios (Marren, 2004). A pesar de que este concepto ya tiene cerca de dos décadas desde que se enuncio por primera vez, es a penas ahora cuando las organizaciones empiezan a darle mayor relevancia (Foley y Guillemette, 2010). Mucho de esto se debe al gran impulso que ha recibido la IA en otras disciplinas y de la cual, hace uso la inteligencia de negocios para poder extraer información importante a partir de los datos. Algunos ejemplos de implementaciones de IA en el área de la administración y toma de decisiones son la segmentación de clientes, análisis de series de tiempo, pronósticos para comportamientos estocásticos, análisis de tasa de ç*hurn*" (término del idioma inglés que hace referencia a la pérdida de clientes de un negocio), entre otras. La técnica correcta dependerá del tipo y características del conjunto de datos además del tipo de resolución buscada. Debido a la gran cantidad de aplicaciones dentro de los negocios que se han desarrollado por parte de la IA, la inteligencia de negocios a cambiado a un punto en el que actualmente se le considera un área de investigación independiente. Pero, a pesar de esta división reciente, no es posible hablar de ambas áreas como si se tratasen de conceptos diferentes. La inteligencia de negocios hace un mayor énfasis en otras herramientas como son las visualizaciones y la minería de datos, y no solamente se enfoca en los algoritmos de IA. Mediante un conjunto de estos elementos es como las organizaciones logran mejorar sus procesos de toma de decisiones, logrando un enfoque más orientado a los objetivos del negocio gracias al uso de los datos. La organización es entonces capaz de responder de forma rápida y eficiente a situaciones como son cambios súbitos en el mercado, cambio en el comportamiento de los clientes, o simplemente un cambio interno de la forma de trabajo.

2. Ciencia de datos, Grandes datos, Inteligencia Artificial y Aprendizaje máquina. Similitudes y diferencias dentro de la representación del aprendizaje autónomo

Los conceptos de Ciencia de datos (CD), Grandes datos (*Big data* en inglés, BD), Inteligencia artificial (IA) y Aprendizaje máquina (*Machine learning* en inglés, ML) aunque relacionados, muchas veces son usados indistintamente. Es común encontrar información en la que se hable sobre ellos como si fueran sinónimos o si trataran del mismo tema. Dos puntos comunes por lo cual estos

4 conceptos se manejan de forma similar es la relación que todos tienen con los datos y con la programación. Sin embargo, cada uno de estos conceptos representa un área del conocimiento en sí, y dependiendo del contexto es posible encontrar las disimilitudes entre ellos. Para esto, se mencionarán algunas de las definiciones existentes para los conceptos de CD, BD, y ML, para poder contrastarlos con aquellas definiciones ya hechas sobre el concepto de IA.

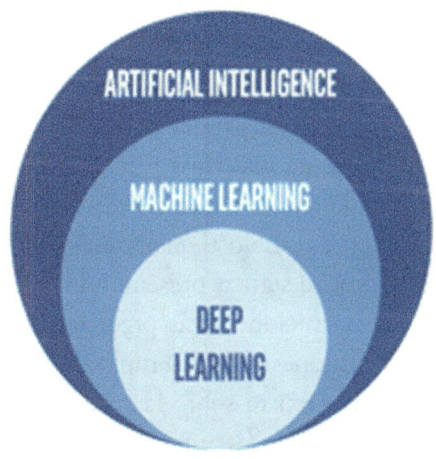

Figura 2.   Relación entre Inteligencia artificial, Aprendizaje máquina y Aprendizaje profundo, (McClelland, 2017).

Para el caso del BD, se le puede definir como la acumulación masiva de datos, mientras que la CD es la encargada de poder manejar este flujo masivo de información (Cuzzocrea et al., 2011). En términos más llanos, BD es la herramienta que sirve para poder acumular y acceder a grandes cantidades de datos de forma eficiente. Estos datos dependiendo su origen, pueden ser estructurados o no estructurados. Actualmente las organizaciones han generado y almacenado una mayor cantidad de datos de la segunda categoría. De hecho empresas como Oracle estiman que la relación entre ambos tipos de datos es de 80-20[4]. Sin embargo, el punto clave sobre BD es que los datos deben contener lo que se conocen como las V's del BD (Rajaraman, 2016). Dependiendo la fuente consultada el número puede variar, no obstante para efectos del presente capítulo se considerarán solamente volumen, variedad, y velocidad. Cuando un grupo de datos contiene dichas características, entonces si podemos hablar de BD. Por otro lado, la CD es la encargada de poder extraer información significativa de este gran conjunto de información. Para ello, la CD hace uso de diversas herramientas dentro de las cuales los algoritmos de IA juegan un papel primordial. Por lo tanto, como se podrá observar, ambos términos están relacionados en un ciclo continuo e infinito en el que el BD provee de los datos mientras que la CD extrae valiosa información de dicho conjunto de datos. En la actualidad, debido al constante cambio al que están expuestas todas estas áreas de conocimiento, se siguen presentando diferentes intentos para poder proveer definiciones más precisas sobre cada una de ellos y así evitar confusiones. Otro ejemplo de ello es la representación que actualmente existe sobre la relación entre IA, ML y aprendizaje profundo o *Deep learning*.

En este sentido, la IA se muestra como una categoría capaz de agrupar otras áreas de conocimiento. Ejemplo de ello es que podemos encontrar temas como el reconocimiento de imágenes, clasificación de vídeos, procesamiento de lenguaje natural, sistemas de reconocimiento, análisis de series de tiempo, entre otros. Elementos que, si bien se benefician del ML y aprendizaje profundo, los temas que se tratan y los algoritmos empleados son diferentes. Debido a esta gran variedad de aplicaciones, en conjunto

---

4. Información obtenida directamente del blog informativo de la compañía: https://blogs.oracle.com/machinelearning/mining-structured-data-and-unstructured-data-usingoracle-advanced-analytics-12c

con los algoritmos usados, es posible definir una clasificación más compleja sobre la relación entre los diversos conceptos existentes dentro del campo de conocimiento de la IA. El diagrama de Venn mostrado en la Figura 2, es una primera aproximación sobre la relación existente entre algunos de los diferentes conceptos relacionados en el universo de disciplinas relacionadas al manejo y uso de los datos. Esta representación nos muestra la existencia de combinaciones en muchos puntos por diversas áreas del conocimiento. Sin embargo, es importante resaltar que cada elemento representa una esfera independiente. Aquí es posible observar con un poco más de detalle como la relación entre AI, ML y aprendizaje profundo se sigue conservando, pero también se puede observar que comparten aspectos con otras disciplinas.

2.1. *Grandes datos*

El concepto de grandes datos, o "BD" en inglés, se refiere a la información acumulada, recibiendo el calificativo de "*Big*" porque se presentan en cantidades gigantescas (Hu et al., 2014). Estos cúmulos de datos recolectados mediante el uso de diversas aplicaciones, regularmente son complejos y requieren de poder ser procesados al momento (Zhong and Huang,). En la actualidad existen ciertos criterios para que la información sea considerada como "BD". El más sencillo de los criterios, es que la información debe por lo menos cumplir con las V's (Erevelles et al., 2016). El número de V's puede cambiar dependiendo la fuente de consulta, sin embargo, como regla general, en todos los modelos estas 3 son las que siempre están presentes. A continuación, se definen cada uno de estos conceptos:

- Volumen. El primer requisito es que la información se encuentre disponible en cantidades gigantescas. La cantidad de información que actualmente se genera es posible medirla en terabytes, petabytes, o incluso en exabytes. Walmart por ejemplo genera 2.5 petabytes de información sobre sus usuarios y sus transacciones cada hora (McAfee et al., 2012). En 2013, la cantidad de información almacenada en todo el mundo se estimaba en 4.4 zettabytes (1 zetabbyte equivale a $1x10^{12}$ gigabytes o $1x10^{21}$ bytes), y para 2020, el crecimiento en la cantidad de datos generados fue de 44 zettabytes (Gantz y Reinsel, 2012). Debido a esto, se espera que las empresas dedicadas a almacenar información tengan un gran crecimiento en los próximos años.

- Velocidad. Esta característica tiene que ver con la prontitud con la que los datos pueden ser creados (Addo-Tenkorang y Helo, 2016). Existen diversas fuentes de información, las cuales poseen un contenido muy basto. Un ejemplo claro de esto es el censo de población implementado por el INEGI cada 10 años. Esta base de data es basta, posee inmensa cantidad de información, y es posible obtener una gran cantidad de conclusiones a partir de ella. Sin embargo, el proceso es muy lento, lo que limita la aplicabilidad de las conclusiones que se pudieran obtener a partir de ella. Existen diversas herramientas que generan cantidades masivas de información al minuto. La consultora en inteligencia de negocios DOMO, generó la infografía *"Data never sleeps"* mostrada en la Fig. 3, donde se muestra la cantidad de información que se genera desde diversas aplicaciones durante 2018. De acuerdo con información proporcionada por la misma consultora, el número de usuarios en internet se ha duplicado desde 2012.

- Variedad. Es importante que la información refiera a más de una sola característica. Mientras más elementos pueda describir, entonces más valiosa se vuelve la información. La heterogeneidad de los datos es importante. No es lo mismo poseer el año de cuando ocurrió un evento, a poseer día, mes, año, hora, minuto, lugar, participantes, etc. En este punto es importante resaltar que no es necesario que toda la información provenga de una sola fuente. Sin embargo, mientras más fuentes se usen, mejor será la cantidad y el tipo de datos que se tengan, pero también será mayor el tiempo necesario para su correcto manejo (Kumari et al., 2018).

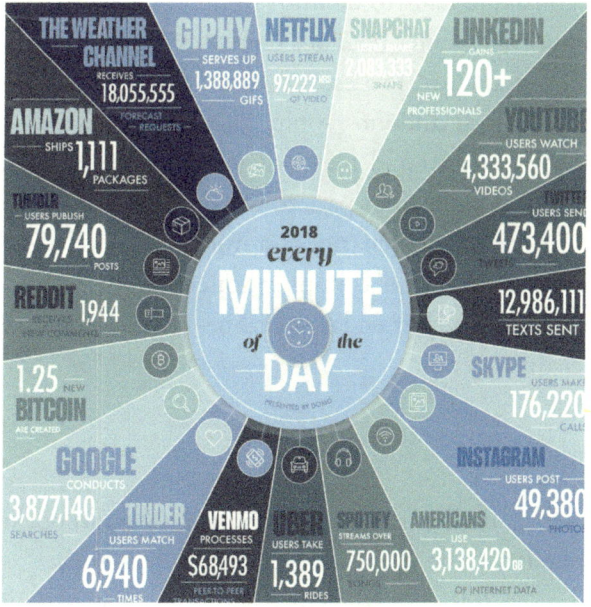

Figura 3. *"Data never sleeps 6.0"*, Infografía correspondiente al año 2019 generada por la consultora DOMO.

En años recientes, mediante el uso de dispositivos de uso cotidiano estamos generando grandes cantidades de información. La información generada no es necesariamente sobre nosotros, puede también ser de todo el medio que nos rodea (Hilbert, 2016). La información puede recolectarse a partir de diferentes herramientas. Los casos más claros son el celular y la computadora de uso personal. Con su simple uso, se generan grandes cantidades de datos. Prueba de ello es que con el pasar de los años, ambos dispositivos han ido aumentando en su capacidad de almacenamiento. Sin embargo, existen casos no tan claros en los que participamos de manera activa generando datos. Algunos ejemplos son las cámaras de vigilancia, el uso de apps o incluso el manejo de tarjetas bancarias (Gantz y Reinsel, 2012).

Este constante registro de información es el que está generando estas masivas fuentes de datos en donde los algoritmos de ML e IA tienen gran uso. Por eso no es de extrañar que recibamos notificaciones indicándonos sobre ciertos hábitos que tenemos. Esto se debe porque en el mejor de los casos, las compañías hacen uso de estos algoritmos para tomar decisiones de negocio simples. En otro tipo de escenario, esta información puede ser usada para cuestiones con amplias implicaciones éticas y más complejas, como pudiera ser influir en las decisiones políticas de una nación, por poner un ejemplo.

2.2. Ciencia de datos

La Ciencia de Datos como disciplina ha pasado por múltiples etapas. El término de Ciencia de Datos o *"Data Science"*, se acuño como tal en el 2001 por William Cleveland en su artículo *"Data Science: An Action Plan for Expanding the Technical Areas of the Field of Statistics"* (Cleveland, 2001). En este artículo, Cleveland detalla cómo utilizar los datos en estrategias orientadas a aplicaciones. En dicho artículo, sin embargo, Cleveland jamás toca el tema de Inteligencia Artificial como una herramienta dentro de la ciencia de datos. A partir del 2010, la Ciencia de Datos comenzaría a cobrar importancia, poco a poco, además de integrar herramientas de IA más allá de las utilizadas en estadística tradicional. Paralelamente en el 2010, en su sitio web, Drew Conway (Conway, 2013), formaliza un diagrama de Venn (Figura 4), donde considera que la disciplina de Ciencia de Datos debe de comprender tres grandes habilidades:

- **Habilidades de Cómputo.** Habla de las habilidades comunes a carreras de ciencias de la computación o Ingeniería en Cómputo, donde el fin y mayor trabajo consiste en realizar programas a través de escribir código de computadora.
- **Conocimiento de Matemáticas.** Es el conocimiento relacionado a las diferentes áreas de matemáticas, específicamente, cálculo, estadística, probabilidad y álgebra lineal.
- **Conocimiento Experto.** Se refiere al conocimiento adquirido a través de la práctica o la exposición a diferentes áreas, que por lo general se obtiene después de leer o tener una gran experiencia en un campo o área en particular.

Figura 4. Diagrama que ejemplifica las diferentes disciplinas utilizadas en Ciencia de Datos y como su intersección da cabida a otras aplicaciones dentro de la Ciencia de Datos (Conway, 2013). De estas tres habilidades se derivan otras que también han existido de una u otra forma dentro de la comunidad y con sus respectivos nichos y aplicaciones.

- **Machine Learning.** Aprendizaje Máquina es español, habla acerca del uso de herramientas matemáticas y computacionales para lograr respuestas automatizadas por parte de la computadora y de detección de patrones.
- **Investigación Tradicional.** Es la investigación que se suele llevar a cabo por expertos en Universidades, donde por lo general se usan herramientas matemáticas y un profundo *expertise* de la materia para poder vislumbrar soluciones a distinto tipo de problemas.
- **Software Especializado.** Son aquellos programas de cómputo para los cuales se requiere de algún conocimiento experto para poder crearlos, como lo son programas que pueden ser orientados al marketing, o a la manufactura.

En el centro de todas estas habilidades y derivados, se encuentra la Ciencia de Datos, ya que la misma requiere de todas estas para poder crear soluciones que conlleven a resultados tangibles del negocio. La ciencia de datos ha crecido a medida que las herramientas de IA se han vuelto más accesibles y fáciles de usar para un público que no tiene una educación formal en temas de IA. Esto da cabida a un crecimiento sustancial en la disciplina, pero a la vez la capacidad de tener más errores casuales que pueden resultar en problemas éticos dentro de la Ciencia de Datos.

2.3. Aprendizaje Máquina

El Aprendizaje Máquina, o ML por sus siglas en inglés (*Machine Learning*), es una disciplina de la IA que trata del diseño de métodos computacionales de automatización para la extracción de datos, con lo cual se puede obtener información útil (Deisenroth et al., 2020). En otras palabras, ML busca sistematizar, de forma general, la obtención de información a partir del análisis de datos, sin importar el dominio de aplicación. Por lo que los modelos de

ML son capaces de implementarse en un sinfín de aplicaciones, tales como: el diagnóstico médico, la predicción de variables económicas, la automatización de máquinas, el monitoreo del clima, la seguridad informática, los modelos de fenómenos físicos, los videojuegos, la planificación de estrategias corporativas, entre muchos más.

Para Tom Mitchell, el ML se define como la disciplina que estudia y diseña programas computacionales que aprenden de la experiencia de realizar algunas tareas tomando en cuenta su desempeño (Mitchell, 1997). Para esto, el ML se basa en tres componentes importantes: los datos, los modelos y el aprendizaje (Deisenroth et al., 2020).

Por un lado, los datos son lo más preciado para el ML ya que a partir de ellos se puede extraer información necesaria. Los datos suelen ser una combinación de elementos que nos hablan de un evento o suceso en particular. Por ejemplo, los datos pueden ser documentos de texto, respuestas a encuestas, señales eléctricas obtenidas por sensores, una serie de tiempo del comportamiento de una variable, etc. El propósito de los métodos de ML es encontrar información relevante de forma automatizada en dichos datos (Deisenroth et al., 2020). Para esto, el objetivo de los modelos es representar la manera en que dichos datos pueden producirse de forma sistemática, de tal forma que puedan explicar el comportamiento de los datos. Los modelos de ML encuentran similitudes en los datos que pueden formularse a través de modelos matemáticos diversos (Mitchell, 1997). Finalmente, la idea del ML es encontrar modelos satisfactorios que logren representar lo mejor posible los datos de un dominio en particular y así estimar nuevos datos que no han sido observados con anterioridad, pero que cumplen con ser datos relevantes (Deisenroth et al., 2020). Con esta finalidad, se lleva a cabo el aprendizaje que puede ser entendido como un proceso automático de extraer patrones en los datos y de encontrar los modelos que mejor se ajusten a ellos (Mitchell, 1997).

En el ML podemos identificar tres procesos de aprendizaje (Mitchell, 1997), que a su vez definen o clasifican los métodos de ML:

- **Aprendizaje supervisado.** Se distingue por adquirir el conocimiento a través de la experiencia utilizando datos actuales y del pasado, a través de pares de datos entradas-salidas, que inducen un modelo (Kour y Gondhi, 2019). Este tipo de aprendizaje se asocia al proceso de enseñarle al método de ML el significado (salidas) de una observación (entradas). Por ejemplo, se puede enseñar a un método de ML a distinguir entre manzanas y peras mostrándole una imagen de la fruta (entrada) e indicándole mediante texto la clase de fruta que representa (salida).

- **Aprendizaje no supervisado.** Este tipo de adquisición de conocimiento a través de la experiencia se centra en utilizar los datos y extraer patrones o similitudes entre ellos, a partir de observaciones realizadas (Kour y Gondhi, 2019, Mitchell, 1997). Por ejemplo, se puede enseñar a un método de ML a distinguir diferentes tipos de transportes terrestres (automóvil, bicicleta, camión) mostrándole los rasgos que distinguen a cada tipo de vehículo (número de llantas, dimensiones, número de pasajeros, etc.).

- **Aprendizaje por refuerzo.** La adquisición del conocimiento a través de la experiencia se basa en las recompensas y castigos (utilidad) a través del tiempo para encontrar planes o secuencias de acciones (Kour y Gondhi, 2019, Mitchell, 1997). Este tipo de aprendizaje se asocia al condicionamiento de la conducta. Por ejemplo, se puede enseñar a un método de ML a planear la ruta más corta para un transporte de mensajería si se le muestran trayectorias satisfactorias y no satisfactorias previamente realizadas.

En la literatura se reportan diferentes métodos de ML dependiendo del tipo de aprendizaje. No obstante hay algunas técnicas que destacan por su aporte en términos de generalización, de adopción en la industria, por facilidad al inducir modelos, entre otros factores. A continuación, se describen de manera ilustrativa algunos métodos de ML:

- **Regresión lineal.** Es un modelo de aprendizaje supervisado que permite relacionar los rasgos o características (entradas) de un conjunto de datos con una variable dependiente asociada al resultado de la estimación (salida) haciendo uso de una ecuación lineal (Deisenroth et al., 2020). Este tipo de modelos no surge como un método diseñado mediante ML, pero se suele utilizar como el método base de muchos otros. El propósito de la regresión lineal es modelar una relación de asociación en los pares de datos entradas-salida y determinar el grado de aporte de cada entrada para producir o estimar la salida correspondiente. Su uso extensivo en las aplicaciones se justifica por su forma simple, su potencial uso para hacer modelos interpretables y por su habilidad para explicar, en un modo humano, las relaciones entre las entradas y las salidas (Gambella et al., 2020).

- **Redes neuronales.** Esta técnica es la primera que deriva del estudio de ML y se inspira en el aprendizaje que lleva a cabo el cerebro humano a nivel de las neuronas (Mitchell, 1997). La técnica simula de manera simplista las interconexiones entre neuronas y el flujo de información que se lleva a cabo en ellas, además automatiza el proceso de encontrar las relaciones de conexión entre neuronas que satisfacen un conjunto de datos. La técnica se ha diversificado al paso de los años, lo que ha permitido diferentes tipos de representaciones y conexiones de las neuronas (conocido como topologías), diferentes tareas de aprendizaje tanto supervisado como no supervisado, e incluso ha detonado el paradigma del aprendizaje profundo (Alam et al., 2020, Mitchell, 1997). Entre las redes neuronales más estudiadas y aplicadas se encuentran: las redes multi-capa tipo perceptrón (Alam et al., 2020), las redes recurrentes (Abiodun et al., 2018[a]), las redes auto-organizadas (Mitchell, 1997), las redes convolucionales y las redes de memoria larga a corto plazo (Deisenroth et al., 2020). Aunque las redes neuronales han demostrado alto desempeño para generar modelos precisos, se les consideran como modelos de caja negra que impiden determinar la lógica que siguen para estimar una salida; lo cual deriva en la falta de interpretabilidad y explicabilidad de los modelos (Kumar et al., 2020, Alam et al., 2020).

- **Árboles de decisión.** Este método genera modelos de aprendizaje supervisado que permiten hacer una clasificación de los datos basados en la importancia de las características de las entradas (Mitchell, 1997). El modelo es una representación gráfica de las relaciones entre las características que permite entender de manera explícita cómo se toman las decisiones, dando así transparencia a la interpretabilidad del modelo (Ponce y Martinez-Villaseñor, 2017). Su uso frecuente está asociado a los modelos gráficos obtenidos y a la facilidad de traducir este modelo en un sistema de reglas de inferencia (Mitchell, 1997). Máquinas de soporte vectorial. Al igual que los árboles decisión, este método se centra en la clasificación de los datos a partir de las características de la entrada; pero que hace uso de una herramienta matemática conocida como el truco del kernel que permite generar una separación lineal de los datos aunque estos originalmente no puedan separarse (distinguirse) con facilidad (Deisenroth et al., 2020). Este método ha tomado fuerza en los últimos años por la versatilidad que tiene para generar estimaciones precisas y porque requiere menos recursos computacionales que las redes neuronales. No obstante, su limitación también radica en ser un método de caja negra que dificulta su interpretabilidad (Martin-Barragan et al., 2014).

3. Open-software aplicado a la inteligencia artificial

La inteligencia artificial (IA) se ha abierto paso en los últimos años de una forma exponencial. Su uso y las aplicaciones que puede proveer han inflado las expectativas, por lo que cada día hay más influencia de la inteligencia artificial en proyectos industriales. Este crecimiento ha traído consigo cuatro necesidades importantes (Llewellynn et al., 2017): más datos que se generan día con día y mayor inquietud por guardar datos masivos; mejores modelos de aprendizaje máquina que permitan estimaciones más precisas, entrenados en menos tiempo, con menor uso de recursos computacionales; más clientes que usan plataformas de inteligencia artificial; más conocimiento del negocio obtenido por las prácticas de IA.

Estas necesidades han abierto oportunidades para mejorar el flujo de trabajo de la IA, en donde se requieren lenguajes de programación especializados, recursos humanos altamente especializados en temáticas de IA, una red de diferentes métodos de IA para fortalecer los resultados esperados e infraestructura especializada para llevar a cabo grandes operaciones con datos (Llewellynn et al., 2017).

Una de las soluciones a estas necesidades es el software abierto, también conocido como *open-software*, en donde se llevan a cabo códigos de programación por diferentes personas en un mismo sistema (Hu et al., 2016). Este tipo de procesos se conoce como codificación social distribuida y ha ganado popularidad en los últimos años permitiendo a los desarrolladores de software de todo el mundo compartir su código y participar en diferentes proyectos (Ponce et al., 2020).

Entre el software abierto se encuentra GitHub, el cual es una plataforma de codificación social y el servicio de alojamiento de proyectos muy popular (Hu et al., 2016). GitHub ha creado muchos beneficios para los desarrolladores de software. Ha mejorado la forma en que trabajan los profesionales, proporciona un repositorio de proyectos rastreable, es un lugar de encuentro para comunidades de investigación con intereses comunes y también está transformando la experiencia de aprendizaje para los desarrolladores de software recién iniciados (Zagalsky et al., 2015).

Si de especialización se habla, Tensorflow, PyTorch, Scikit-learn, Caffe y Theano, entre otros, son software abierto que han logrado democratizar la aplicación de la IA en la industria (Llewellynn et al., 2017, Ponce et al., 2020, Hu et al., 2016). Entre las características que aportan este tipo de software (Llewellynn et al., 2017), se encuentran:

- **Heterogeniedad.** Admiten una amplia gama de plataformas en hardware basadas en unidades centrales de procesamiento (CPU), unidades de procesamiento de visión (VPU) y procesamiento de señales digitales (DSP). Esto, además, contribuye a la portabilidad del código en diferentes plataformas y dispositivos, evitando recodificación.

- **Rendimiento.** El software abierto suele estar asociado con la optimización del código para reducir la memoria, la potencia y la sobrecarga del hardware. Si bien, puede tomar unos años en que esto suceda, las versiones más estables y actuales del software abierto ya pueden considerarse con alto rendimiento (Tensorflow, Scikit-learn, Caffe, etc.).

- **Escalabilidad.** Es la capacidad de poder ejecutar modelos de IA en la nube o en sistemas embebidos, lo que permite flexibilidad del uso de recursos computacionales, sin necesidad de recodificar para cada recurso.
- **Configuración.** Mucho del software abierto especializado para IA tiene gran cantidad de modelos preestablecidos que son configurables y que permiten que los desarrolladores puedan explorar diferentes topologías de los modelos para obtener los más precisos, según la aplicación que vayan a desarrollar.
- **Aprendizaje concurrente.** Debido a que este tipo de software lo desarrollan multitud de personas al mismo tiempo, existen mecanismos que permiten ir aprendiendo el uso del software a medida que se requiera, además es posible dar soporte y retroalimentación del código, lo que permite una red de desarrolladores más flexible y general.

El software abierto, no sólo permite democratizar el conocimiento de la IA, sino también el de explorar nuevas redes y comunidades de desarrolladores que buscan generar herramientas óptimas para el buen desempeño de la IA.

4. Influencia de otras disciplinas del conocimiento para el desarrollo de soluciones basadas en IA

En fechas recientes se ha visto como diferentes actividades humanas, pudiendo ser estas de tipo productivas (Alabi et al., 2018), lúdicas (Sweetser y Wiles, 2002) o de alguna otra índole (Josed y Seeram, 2018), están siendo manejadas por sistemas automatizados o de control por computadora. Este tipo de desarrollos fue gracias al apogeo que está teniendo el *"Big Data"* en varias disciplinas. Como ejemplo, la Figura 5 muestra las publicaciones cien-

tíficas indexadas en Scopus relacionadas con *"Big Data"* y alguna
otra área del conocimiento. Como se puede observar los temas
pueden ser de muy diversos y no solo del área de ciencias de la
computación. La gráfica muestra un total de 142.5 mil considerando publicaciones del año 2000 al 2020.

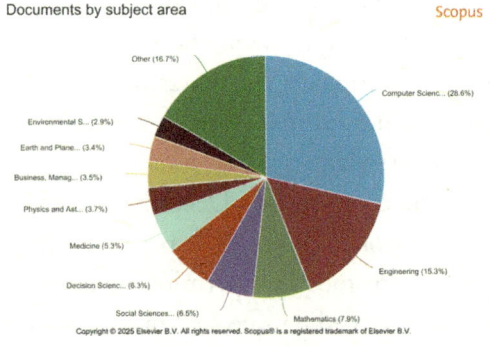

Figura 5.   Distribución de temas relacionados con *"Big Data"* de las
publicaciones disponibles en Scopus desde el año 2000 al 2020.

La IA está estrechamente relacionada con otras áreas del conocimiento. Más aún, es difícil concebir a la Inteligencia Artificial sin pensar en la neurociencia, las matemáticas, la ingeniería,
la lingüística, las ciencias cognitivas, y por supuesto, la filosofía,
entre otros.

Desde 1936 cuando Alan Turing[5] presentó la noción de una
máquina universal capaz de procesar cualquier operación que
pudiese expresarse mediante un algoritmo, en él hombre surgió
la necesidad de construir una "máquina pensante", es decir, una
máquina capaz de ejecutar tareas, resolver problemas y tomar decisiones. Fue así como en 1956 surge el concepto de Inteligencia

---

5. Alan Turing es mejor conocido por "la prueba de Turing" en donde se
busca establecer la capacidad de una máquina para exhibir un comportamiento
inteligente similar al de un ser humano.

Artificial. Con el fin de alcanzar este objetivo se han desarrollado diversas teorías y enfoques que en conjunción con otras disciplinas dan lugar a los fundamentos de la inteligencia artificial.

4.1. Enfoque filosófico, lógico y de las ciencias cognitivas

En sus inicios la Inteligencia Artificial hacía énfasis en la lógica, al buscar mecanizar el razonamiento deductivo. En este sentido, en 1956 Newell, Simón y Shaw presentaron *Logic Theorist* (Newell y Simon, 1956), el primer programa creado para desarrollar razonamiento automatizado al demostrar 38 de los 52 teoremas contenidos en la obra *Principia Mathematica* (Whitehead y Russell, 1927). Este enfoque es utilizado hasta el presente, principalmente mediante la *lógica formal*, *lógica simbólica* o también llamada *lógica matemática* en donde se recurre al simbolismo lógico para expresar tanto el conocimiento como las inferencias. Actualmente, existen diversas corrientes teóricas para representar, explicar e intentar replicar algunos procesos cognitivos de la mente humana, además de la lógica matemática, de los cuales también hace uso la inteligencia artificial, tales como las reglas, los conceptos, las analogías, la percepción, el conexionismo, etc. En este sentido, los modelos basados en reglas han proporcionado una manera de representar un amplio rango de situaciones mediante una serie de reglas individuales en técnicas de inteligencia artificial que van desde los algoritmos genéticos (Bacardit y Llora, 2013) hasta el aprendizaje por refuerzo (Kaelbling et al., 1996, Wang et al., 2020).

Otro proceso cognitivo relevante es el referente a los conceptos, el cual, si bien tienen relevancia en la palabra escrita y hablada, también juegan un papel importante en la representación mental tanto de situaciones como de objetos. Es por ello, que dentro de la comunidad de Inteligencia Artificial se ha propuesto concebir a los conceptos también como un conjunto de características, como en el caso de las Redes Neuronales Convolucionales (CNN, por sus siglas en inglés) (Krizhevsky et al., 2012), en donde las características extraídas durante la etapa de filtrado son agregadas para construir diferentes niveles de abstracción. De esta manera, las características obtenidas son agregadas para formar representaciones visuales de un concepto.

Las analogías juegan un papel muy importante en la forma en la que los humanos concebimos algunos conceptos y situaciones, es por ello que este proceso cognitivo se ha considerado como un punto focal para la creación de modelos computacionales que buscan emular la forma en la que solemos asociar una situación a otra al hacer analogías. Un claro ejemplo de este punto se da en la transferencia de aprendizaje (Do y Ng, 2012), en donde el conocimiento adquirido durante la resolución de cierto problema se aplica a la resolución de un problema diferente pero relacionado hasta cierto punto.

Otro enfoque de las ciencias cognitivas que también busca entender cómo funciona el cerebro a nivel neuronal es el conexionismo. Este enfoque estudia el proceso en el que aprendemos y recordamos la información, sobre todo al modelar tanto la percepción como los procesos cognitivos. El conexionismo considera una gran cantidad de componentes muy simples que se encuentran interconectados entre sí, los cuales tratan de emular la forma en la que se cree que el cerebro trabaja. Este enfoque dio lugar a las redes neuronales artificiales (Abiodun et al., 2018b) las cuales son la base de lo que hoy conocemos como aprendizaje profundo (Alom et al., 2019).

4. 2. *Enfoque matemático*

Desde hace algunos años estamos pasando por un proceso de datificación de la vida social, en donde tanto las actividades humanas como las interacciones entre nosotros, con nuestros gustos, aficiones, historia clínica, hábitos de ejercicio, consumos, entre otros están siendo monitoreados y guardados generando una huella digital basta, la cual a su vez contribuye a la creación y expansión del *big data*. Esta enorme huella digital que cada uno de nosotros dejamos resulta en una fuente de datos invaluable la cual tiene que ser analizada para desarrollar conocimiento a partir de esta información mediante algoritmos de inteligencia artificial. En este sentido, la analítica aplicada a los datos nos permite crear tanto oportunidades de investigación como del desarrollo de nuevas aplicaciones y soluciones que impacten en la sociedad. Como lo menciona Leonelli en su publicación (Sabina, 2019), *big data* son más que un montón de datos. El poder de *big data* radica en la dificultad para ligar la información obtenida de varias fuentes, no solo por el trabajo técnico que requiere la estandarización y limpieza de los datos, sino también por las barreras sociales, privacidad, prejuicios, sesgos, sensibilidad de los datos, entre otros. Es por ello, que durante los últimos años se han sumado los esfuerzos para crear instrumentos, técnicas y metodologías que permitan recolectar, ordenar, visualizar, analizar, y mantener estos datos. El concepto de *big data* está fuertemente relacionado al conocimiento basado en datos, donde el aprendizaje ocurre mediante la acumulación de información y la aplicación de métodos para la extracción de conocimiento. En este aprendizaje se usan los datos como punto inicial para buscar correlaciones entre la información obtenida. Sin embargo, es importante recalcar que la correlación no necesariamente implica causalidad. De acuerdo con Symons (Symons y Alvarado, 2016), la característica más importante y distintiva de *big data* es el uso de métodos estadísticos, así como de técnicas matemáticas y computacionales de análisis de datos tales como la estadística bayesiana, la algebra, el cálculo, las matemáticas discretas, la geometría la optimización, entre otros.

Los algoritmos de Inteligencia Artificial están basados en fundamentos matemáticos aun cuando utilicen conceptos tomados de otras disciplinas tales como el concepto de neurona. En este sentido, es difícil concebir e interpretar cualquier algoritmo de aprendizaje automático a profundidad sin entender las matemáticas de fondo que lo acompañan.

Estos conceptos van desde el uso de funciones, distancias, curvas, pendientes de la geometría básica, el uso de matrices, vectores, el producto punto, los eigenvalores, el producto entre matrices, vectores y tensores, entre otros en el algebra lineal. Dentro del campo de la probabilidad y estadística también hay muchos conceptos relevantes en la Inteligencia Artificial, tales como los de la estadística descriptiva, por ejemplo, la media, la varianza, la mediana, la moda, la desviación estándar, las distribuciones, las variables aleatorias, la estadística Bayesiana, las redes bayesianas, etc. Los modelos bayesianos han sido ampliamente utilizados en tareas enfocadas al aprendizaje, al control de un motor, en problemas de visión artificial, en el campo de la robótica, en la validación de datos (Herrera-Vega et al., 2018), en el reconocimiento de condiciones médicas (Bay, 2020), etc.

El cálculo también es una rama de las matemáticas que juega un rol importante en los algoritmos de inteligencia artificial en especial los conceptos de derivada y sus aplicaciones, así como gradiente, el hessiano, el jacobiano, etc. De igual forma, la lógica de primer orden, las estructuras de datos, los grafos, entre otros, pertenecientes al campo de las matemáticas discretas son elementos fundamentales de muchos algoritmos de Inteligencia Artificial.

4.3. *Enfoque de la Electrónica*

Desde hace décadas, el software ha sido la estrella del avance de la tecnología. La gran capacidad de procesamiento y calidad visual con la que cuentan las computadoras actuales, los teléfonos móviles, y otros dispositivos han definido esta era. Sin embargo, estos avances no podrían concebirse sin los aportes en el campo de la electrónica, la cual no nada más se encarga de cumplir cabalmente con la ley de Moore establecida en 1965 (Xiu, 2019), la cual establece que cada dos años se duplicará el número de dispositivos electrónicos en un microchip, es decir, cada dos años se duplica el poder de procesamiento de un microchip; sino que también ha jugado un papel importante en el desarrollo de la áreas derivadas de la Inteligencia Artificial, en las que los modelos obtenidos a través de los algoritmos de aprendizaje automático interactúan con el mundo físico. Algunas de estas áreas son la robótica, el Internet de las cosas, la visión por computadora, etc.

Una de las familias de dispositivos electrónicos que cambio la forma en la que el mundo funciona es la familia de los semiconductores. Hoy en día es difícil imaginar el procesamiento de información sin el uso de arreglos de semiconductores encapsulados en un circuito integrado llamado CPU (Unidad Central de Procesamiento). En este sentido, la CPU es la unidad encargada de interpretar y ejecutar las instrucciones para almacenar, orquestar, liberar y procesar la información físicamente en una computadora. Es por ello que para gestionar tanto la información, como las tareas, flujos, reglas, métodos y procedimientos en una computadora se definieron diversas arquitecturas de computadoras. Estas arquitecturas se encargan de establecer las instrucciones que gestionan la forma en la que el procesador, la memoria, los canales de comunicación y dispositivos de entrada y salida operan (Null y Lobur, 2006). La CPU está diseñada para realizar eficientemente tareas multipropósito. Sin embargo, para la década de 1970 se introdujeron otro tipo de unidades de procesamiento, las llamadas unidades de procesamiento gráfico o GPU. Estas unidades, a diferencia del CPU, están encargadas de realizar y acelerar el procesamiento de tareas especializadas en el procesamiento de imágenes y gráficos, es decir, no están diseñadas para el procesamiento multipropósito, pero si para especializarse en el procesamiento acelerado de gráficos, imágenes y video. De este modo, en vez de tener arreglos de semiconductores enfocados en tareas multipropósito en una CPU, se tienen miles o cientos de miles de microprocesadores que trabajan en paralelo para realizar operaciones especializadas en una GPU.

Esta característica fue aprovechada, de tal manera que, en 2009, Raina y sus colaboradores (Raina et al., 2009) presentaron un artículo en el cual se demostraba que al usar una GPU en tareas de aprendizaje mediante algoritmos de inteligencia artificial se podía alcanzar un rendimiento 70 veces más rápido que con una CPU multinúcleo. Este hecho marco el inicio de una nueva era en la inteligencia artificial, ya que al incluir el uso de una o más GPUs fue posible el procesamiento de más datos en menor tiempo, así como de crear arquitecturas más complejas para aprender y a gran escala, dando inicio a una nueva rama del aprendizaje máquina, el aprendizaje profundo.

5. La inteligencia artificial como herramienta de generación de problemas

Durante la historia del hombre, se ha observado que cada gran revolución científica conlleva ventajas y desventajas a las personas y la sociedad en general. Por ejemplo, la revolución industrial mejoró considerablemente los estándares de vida de las poblaciones, pero también trajo consigo nuevos tipos de problemas. La contaminación, el desempleo, las migraciones hacia las grandes ciudades y algunos movimientos sociales fueron causados por los avances generados por esta revolución. Siempre que ocurra un cambio de estas dimensiones, es importante que la sociedad sea capaz de trazar un marco de referencia para poder manejar las cuestiones positivas y negativas que se generen de la misma.

En la actualidad, a casi 3 siglos del inicio de la revolución industrial, el desarrollo de nuevas y mejores máquinas no ha parado y es algo que sigue presente en nuestras vidas (Ahuett-Garza y Kurfess, 2018). Estos continuos avances han derivado en lo que actualmente se conocen como la revolución del "*Big data*" o 4.0 en algunas disciplinas. De igual modo que su predecesor, esta revolución trae consigo muchos beneficios y problemas. El correcto uso de la información, la privacidad de los datos, la moralidad sobre las decisiones que se toman, la transparencia en los algoritmos, el tiempo de vida de los datos, son tan solo algunos de los problemas que se asoman en este periodo en el que vivimos. Todos ellos tienen un aspecto común y es que todos ellos pueden ser vistos desde en marco ético-científico. Es preciso entender que dicho trabajo acarrea una responsabilidad sobre aspectos más diversos como son la seguridad, la salud, el medio ambiente, o la sociedad en general. Como ingenieros y científicos relacionados con el manejo de datos, es importante entender que no solamente se estudia a los datos como valores separados de la realidad, si no que los mismos pueden representar un impacto en las personas, la sociedad, o el mundo entero.

En la literatura es posible encontrar ejemplos claros sobre una mala implementación de algoritmos, o del manejo de los datos. Un ejemplo claro de eso es el del correo conocido como SPAM. Durante la década de 1990 la internet estaba emergiendo como un nuevo y novedoso medio de información. La gente hacía uso de la internet de formas muy simples en comparación a lo que actualmente representa. Una de las primeras ventajas que se observó fue la de poder transmitir mensajes a cualquier parte del mundo. Esta posibilidad de poder transmitir mensajes fue extrapolado a un contexto masivo para compartir un mismo mensaje. Históricamente se identifica al incidente de USENET como el primer correo de este tipo (Hedley, 2006). Posterior a USENET, surge la idea de compartir mensajes masivos con fines mercadológicos. El origen de esta idea de hacer uso de la internet como forma de publicidad se atribuye a un pequeño bufete de abogados de Arizona en 1994. Ellos utilizaron esta técnica para dar a conocer sus servicios con respecto a la obtención de la "*Green-card*" (Ferrara, 2019). Los resultados que obtuvieron fueron tan buenos, que posteriormente se dedicaron mejor a dar consultoría a empresas que desearan hacer uso de esta forma de comunicación. Lo malo fue el uso desproporcionado que posteriormente se le dio. Tan solo 10 años más tarde, alrededor del 15 % de los correos enviados en todo el mundo eran SPAM (Lazar y Preece, 2003). Fue justamente por estos años, en los que surgen las primeras leyes para tratar de regular este tipo de comportamientos (Nettleton, 2004). Sin embargo, a pesar de estas regulaciones, para 2010 la tendencia de correo considerado como SPAM no disminuyo, si no que ahora el 90 % caía bajo esta categoría (West et al., 2010). Lo que inicialmente parecía inofensivo y que la gente estaba de acuerdo en ello, rápidamente pasó a ser un comportamiento inaceptable y que terminó siendo regulado sin mucho éxito. En la actualidad, generar SPAM se considera una mala práctica, a tal punto que se han desarrollado muchos algoritmos de Inteligencia Artificial que se dedican a detectar este tipo de correo (Palmer, 2005). Sin embargo, esta práctica sigue siendo utilizada por muchas compañías debido al gran nivel de difusión que pueden lograr.

Otro ejemplo con implicaciones éticas es el que llevaron a cabo Facebook y la universidad de Cornell en el año 2012 (Kramer et al., 2014). En conjunto realizaron un estudio sobre la posibilidad de influenciar en el estado de ánimo de las personas, al manipular sus muros[6] de los usuarios y mostrándoles más noticias de índole positivo o más noticias de índole negativo. En el estudio se usaron cerca de 700,000 cuentas de usuarios de Facebook (Kleinsman y Buckley, 2015), y se demostró que aquellos usuarios que veían más noticias positivas tenían tendencia a publicar más noticias positivas. Lo mismo para las personas con noticias negativas. Sin embargo, el problema con el estudio radicó en que no se solicitó a los usuarios su previa autorización de forma explícita para la realización dicho estudio. En su lugar, se hizo uso de las políticas de privacidad que Facebook pide aceptar a sus usuarios antes de poder hacer uso del portal (Flick, 2016).

Existe una gran cantidad de ejemplos. En cada uno de ellos siempre se busca asignar responsabilidad cuando algo malo después de que el algoritmo fue implementado (A posteriori). Sin embargo, la responsabilidad es algo que se debe prever como parte del proceso de desarrollo desde el inicio de cualquier proyecto (A priori) (Bucciarelli, 2008). No importa si nada malo ha ocurrido aún, o si algo bueno puede salir de ello. Cuando la responsabilidad toma un papel importante durante el desarrollo de un proyecto, esto conlleva que los actores de algún modo busquen mitigar en la medida de lo posible las posibles consecuencias, y alinear el desarrollo del proyecto hacia un buen resultado.

En el año 2015 un tuit, hoy borrado, indicó la forma en la cual los modelos de Inteligencia Artificial clasificaban como gorila a una persona de piel oscura. Así, varios análisis han descubierto cómo algoritmos destinados a la toma de decisiones tienden a reforzar o incrementar sesgos que existen en los datos que se les suministran. Desde desviaciones debido al género, nombre, ape-

---

6. En este contexto la palabra muro tiene como significado la parte en el perfil del usuario de Facebook en donde se publican las noticias, interacciones de otros usuarios, publicaciones, etc.

llido, lugar de origen o actual de vivienda, edad, etc. Ha habido múltiples casos donde sistemas automatizados han tomado decisiones favorecedoras para un grupo en particular. Un caso relativamente reciente y que adquirió notoriedad es el entrevistador automatizado que recomendaba contratar más hombres que mujeres. Probablemente una situación así hubiera pasado desapercibida en cualquier empresa, pero el problema es que ocurrió en Amazon, uno de los gigantes tecnológicos que más uso hacen de este tipo de tecnología.

Debido a todos estos problemas de sesgo que existen en la IA, hoy hay un debate de envergadura en el centro de la comunidad de desarrolladores e investigadores sobre la moralidad de la misma. Este debate trata de responder la pregunta: ¿quién es la parte responsable de supervisar y corregir estos algoritmos para evitar estas decisiones sesgadas? Tenemos a un grupo de expertos argumentando que los datos, desde su incepción, están sesgados, y estos representan las desviaciones y tendencias que tenemos nosotros los humanos. El trabajo de los modelos es replicar el comportamiento de estos datos de la manera más fidedigna posible. Entonces, los investigadores y diseñadores deben darse a la tarea de buscar datos que no tengan estos sesgos y tendencias, y no, en modificar sus modelos. Del otro lado, tenemos al otro grupo de expertos que propone que las personas a cargo de diseñar los modelos son los encargados de verificar que los modelos no generen resultados sesgados. Que, independientemente de lo tendenciosos de los datos, los modelos mismos deben de ser capaces de extraer dichos sesgos y corregirlos para no cometer la toma de decisiones erróneas. Al igual que con el grupo anterior, donde los datos eran el problema, este grupo opina que la responsabilidad, no recae en la recopilación de datos, o la existencia nativa de sesgos, sino en los modelos mismos, y hace que toda la responsabilidad recaiga en la persona o grupo diseñador del modelo. De igual manera, uno podría argumentar que al remover los sesgos, nos volvemos ciegos a los problemas y solo estamos rehaciendo el mundo como queremos que sea, en lugar de aceptarlo como es.

Debido a este tipo de actividades, es cuando surge la pregunta, ¿quién es dueño de los datos? ¿Quién es responsable por el uso de los mismos? ¿Quién decide sobre su preservación o caso contrario destrucción? (González-Fernández et al., 2020). El problema radica en que los datos hacen referencia a los usuarios, pero fueron generados por la institución que los contiene, i.e. financiera, científica, médica, social, académica, etc. La información en gran cantidad de los casos no es generada por uno mismo. Regularmente, esto se resuelve mediante la implementación de un contrato, un acuerdo de privacidad, un acuerdo de manejo de información, o las tres opciones. Sin embargo, ¿qué pasa si la situación no propicia ninguna de estas alternativas? Un ejemplo sencillo sobre esto son las fotografías entre amigos o familiares. Dentro de una hay una cantidad innumerable de datos que se pueden extraer. La fecha, el lugar, las personas con las que estábamos, la ropa que vestíamos, el clima del lugar, por nombrar algunas. La persona que toma la foto puede pensar que posee el derecho de compartirla o hacerla pública si así lo desea. Sin embargo, las personas presentes en la foto también tienen el mismo derecho sobre esta decisión (Flores-Avalos and García, 2019). En el año 2016 circuló la noticia de una joven austriaca que demandaba a sus padres por haber subido fotos de ella cuando bebé. La historia se publicó originalmente en la revista "*Die Ganze Woche*"[7] y generó mucho revuelo sobre la propiedad intelectual de una fotografía. La nota causó tanto revuelo

---

7. La nota original ya no es posible encontrarla en línea, pero existen otros sitios que aún siguen reportando la noticia. Un ejemplo de la nota se puede encontrar en: https://www.thelocal.at/20160914/woman-sues-parents-for-sharing-embarrassing-childhoodphotos-on-facebook

que incluso varios diarios internacionales publicaron la historia, en la que menciona que había un desacuerdo entre los padres y la joven en quién tenía derecho de decidir sobre compartir una foto o no. Un diario alemán buscó comprobar la veracidad de dicha nota, pero esto ya nunca se pudo lograr. A pesar de ello, sentó un precedente con respecto al correcto designio de la propiedad intelectual de las fotografías en internet. En México por ejemplo existe la protección al derecho a la imagen, la cual establece que se debe de tener permiso explícito de los involucrados en una fotografía para hacer uso de esta, siempre y cuando se conozca a las personas involucradas.

Páginas de internet como Wikipedia, Yelp, Tripadvisor, entre otras, son plataformas creadas usando las aportaciones de sus mismos usuarios. En todos estos casos, la idea general de la plataforma es proveer de información a los usuarios, que fue generada por los usuarios. Wikipedia es una enciclopedia gratuita y pública creada por las aportaciones de los usuarios. En términos de derecho de autor, es Wikipedia quien posee esta propiedad. Esto es parte del acuerdo que tiene Wikipedia con los usuarios que decidan hacer una aportación. Wikipedia está en el entendido que hará pública la información, pero poseerá los derechos sobre la misma. Yelp, Tripadvisor, o cualquier otra plataforma de opinión, basa su funcionamiento en el acuerdo de que harán públicas las opiniones de los usuarios, pero el beneficio que se pueda obtener a partir de las opiniones recae únicamente en la plataforma. En estos casos, el beneficio regularmente se obtiene a partir de la venta de espacios publicitarios dentro del portal. Es en este sentido, que los datos les pertenecen a las organizaciones que los recolectan y procesan para uso posterior. Otra plataforma que hace uso de este mismo modelo de negocio es Youtube. En donde hace de dominio público los videos que los usuarios deciden publicar. Sin embargo, la cantidad de publicidad mostrada ya no es del agrado de la totalidad de usuarios. Esta práctica es casi comparable con el caso del SPAM. Esto ha llevado que otras aplicaciones para difundir videos estén adquiriendo mayor popularidad.

Otra problemática a considerar es la que ocurre cuando un negocio que ha generado cierta cantidad de información de sus usuarios se declara en banca rota. El caso de Radio-Shack en Estados Unidos en 2015 se volvió de dominio público. En dicho caso, la compañía había puesto como parte de sus activos a la venta, una amplia base de datos que creo de sus clientes. Sin embargo, no es el primer momento en que una situación similar ocurre. Toysmart es el primer caso en Estados Unidos que se tiene conocimiento en el que una compañía trata de vender su base de datos (Carroll, 2002). Toysmart trató de vender los datos de sus consumidores como parte de sus activos a un tercero. Estos datos incluían nombres, direcciones, compras realizadas, número de hijos, entre otras. Sin embargo, esta actividad iba en contra de la política de privacidad de Toysmart hacia con sus clientes. Particularmente, se establecía en un punto: "No compartir bajo ninguna razón esta información con terceros". Al final, se llegó a un acuerdo con Toysmart, pero era tan restrictivo que la empresa optó por destruir la información. Dentro de las restricciones que se mencionan, es que los datos solamente podían ser adquiridos por otra empresa con un giro similar.

Sin embargo, es importante analizar el caso, no de la bancarrota, pero de la adquisición de una empresa en situación crítica. Dicha adquisición, le permite a la empresa que la compra tener acceso a los datos recabados hasta ese momento. Un caso muy reciente es la adquisición por parte de Alphabet, compañía madre de Google, a Fitbit, una empresa dedicada a hacer equipo de "fitness" personal. Una de las principales razones de la adquisición, es el acceso a los datos de todos los usuarios que hasta ese momento Fitbit ha tenido, dichos datos incluyen datos personales, pero también su actividad física y datos relacionados a salud. Múltiples entidades han conjeturado que, con dichos datos, Alphabet planea darle más fuerza a su plataforma de salud personal en línea. Otro caso muy popular es la compra de Celect, un startup dedicada a la predicción de datos en retail. Nike adquirió a Celect por su portafolio de productos de Data Science, pero también por los datos que ellos ya habían acumulado sobre el comportamiento de los consumidores. En conclusión, las empresas cada vez están más y más interesadas en poseer información. Sin embargo, no queda del todo claro para los usuarios cuál es el objetivo final del almacenamiento de dicha información. Uno podría pensar que solamente se está almacenando con fines mercadológicos, pero existe evidencia que demuestra su uso en otros aspectos más diversos.

Finalmente destacar que Google AI, la rama dedicada a la inteligencia artificial en Google está siendo fuertemente atacada por su decisión de terminar sus relaciones laborales con dos expertas en el campo de IA y ética. Dicha decisión pone en evidencia que hoy en día, aún en algunas de las empresas más importantes de la tecnología, el tema de la ética en IA no se ha resuelto y requiere constante trabajo.

6. Problemas éticos de la inteligencia artificial

"La inteligencia artificial (IA) es una familia de tecnologías que evolucionan rápidamente y pueden traer una gran gama de beneficios económicos y sociales a lo largo de todo el espectro de industrias y actividades sociales" (Commission, 2021).

La inteligencia artificial (IA) está transformando nuestra sociedad y tiene el potencial de mejorar a las personas, incrementar el bienestar social, traer progreso e innovación. En prácticamente todos los ámbitos, industrias y actividades sociales, la IA ha probado traer beneficios económicos y sociales. Actualmente le IA está remodelando nuestras vidas, interacciones y ambientes y es una poderosa fuerza hacia el bien social (Floridi et al., 2018). En el área médica, por ejemplo, se implementan sistemas inteligentes para mejorar la salud y ayudar al diagnóstico y tratamiento de enfermedades. El aprendizaje automático es indispensable hoy en día para proveer productos y servicios personalizados de todo tipo. Puede promover el balance de género, mejorar la movilidad y los procesos productivos entre muchos otros beneficios. Los sistemas inteligentes están diseñados para ser cada día más autónomos en tareas particulares y se busca lograr la llamada inteligencia general que se dice pudiera igualar y sobrepasar la inteligencia humana en unos años. Esta autonomía creciente está despertando preocupaciones con respecto a los posibles impactos en las personas, en la sociedad y en la humanidad. Los riesgos y amenazas de la IA ya se están convirtiendo hoy por hoy en problemas. Por ejemplo, podemos mencionar la pérdida de privacidad, manipulación por medio de la IA en diferentes ámbitos, la toma de decisiones de sistemas con sesgos racistas o discriminatorios, decisiones de sistemas inteligentes no explicables, transformación de trabajos y sustitución empleados por sistemas IA entre otros.

Es innegable que, así como la IA puede crear oportunidades para promover la dignidad humana y el desarrollo humano, puede también erosionar las capacidades humanas y causar daños voluntarios o involuntarios. Floridi et al. (Floridi et al., 2018) advierten que la ignorancia, miedo, preocupaciones mal entendidas o reacciones excesivas de la sociedad pueden causar la infrautilización de la IA que conlleva un costo de oportunidad al no desarrollar las tecnologías de IA en toda su potencialidad. Los autores también comentan que hay que considerar los riesgos asociados al sobreuso inadvertido o mal uso voluntario de la IA. A continuación, se describirán los temas que se mencionan más recurrentemente por

la comunidad internacional en torno a los problemas y riesgos de
la IA.

6.1. *Temas clave en torno a los problemas éticos de la inteligencia artificial*

A partir de las preocupaciones con respecto a la IA, en las
últimas dos décadas, se ha visto la necesidad de establecer guías
para lograr que los sistemas autónomos inteligentes sean centrados
en el humano, confiables y que sirvan a los valores humanos y
principios éticos. Guías éticas para lograr una IA confiable y ética
han sido presentadas recientemente por organismos internacionales, gobiernos, empresas y sociedad civil (Chatila y Havens, 2019,
Jobin et al., 2019, Floridi y Cowls, 2019, Fjeld et al., 2020, Smuha, 2019). Los principios de la OECD (*Organisation for Economic
Co-operation and Development*) (OEC, 2019) en particular, han
sido firmados por los gobiernos de los miembros de la OECD y 6
países más.

Estas iniciativas son muy loables y son fundamento de discusión en todo el mundo para lograr una inteligencia artificial ética.
Sin embargo, no obligan principalmente a las grandes empresas,
que impactan mayormente los desarrollos de IA de todo el mundo, a seguir realmente principios éticos universales. El problema es
muy complejo y concierne a muchos involucrados: estados, corporaciones y personas. Concierne también a todos aquellos que tienen
que ver con infraestructuras habilitadoras, protocolos, estándares,
gobernanza, leyes, vigilancia de mecanismos, procedimientos de
incentivos y mejores prácticas. En resumen, lograr IA confiable
y ética concierne a todos los sistemas inteligentes, involucra todas
sus interacciones de todos sus actores y todos los procesos.

A principios del 2020, la universidad de Harvard presentó un
estudio sobre los tópicos éticos que más interés o preocupación
existen alrededor de la inteligencia artificial (Fjeld et al., 2020). Los

autores revisan los más relevantes documentos de organizaciones internacionales, gobiernos, sector privado y de la sociedad civil que discuten principios de la inteligencia artificial y descubrieron tendencias temáticas relacionadas con el uso de la IA. Los ocho temas clave, principios que se relacionan con los riesgos de la IA son: 1) Privacidad, 2) Responsabilidad (*Accountability* en inglés), 3) Seguridad y protección, 4) Transparencia y explicabilidad, 5) Justicia y no discriminación, 6) Control humano de la tecnología, 7) Responsabilidad profesional, 8) Promoción de los valores humanos. Estos temas son el núcleo normativo o principios de los acercamientos a una IA ética. El contexto cultural, lingüístico, geográfico y organizacional influyen haciendo que ciertos principios sean más relevantes que otros de acuerdo a estas variantes. Así mismo, cada uno de estos principios responde a problemas y riesgos asociados a éstos como se explica a continuación.

- **Privacidad.** Este principio supone la obligación del desarrollador y operador de sistemas inteligentes de tomar en cuenta consideraciones que permitan mantener la privacidad de las personas en todo el ciclo de vida de dicho sistema. Esto implica cuidar la recolección, administración, uso y vigencia de los datos y su procesamiento. Implica que como mínimo se tengan los derechos de control ARCO (acceso, rectificación, cancelación y oposición). No debe permitirse el uso de los datos de las personas sin su consentimiento y permiso; debe informarse al usuario cómo y porqué se requieren sus datos; el usuario debe poder restringir el uso, rectificar y/o borrar su información; está prohibido el uso de la información por terceros no autorizados. Es importante mantener la privacidad de las personas porque sus datos forman parte de su intimidad, además de que se puede hacer mal uso de ellos en perjuicio de la seguridad del individuo.

• **Responsabilidad, seguridad y protección.** Estos tres principios están muy relacionados. La responsabilidad o *accountability* en inglés se preocupa por saber quién será responsable de las decisiones que tomará un sistema inteligente. Las personas y organizaciones que despliegan la inteligencia artificial deben de responder por los comportamientos del sistema y sus potenciales impactos. Es necesario que los sistemas sean totalmente auditables en todo el ciclo de vida. Para ello, deben designarse instancias y personas responsables que analicen los riesgos, verifiquen que el sistema trabaje como debe y prevean, evalúen y, si se da el caso, remedien los posibles impactos o daños causados por el sistema. Los sistemas inteligentes deben ser confiables y robustos por lo que se requiere verificar el funcionamiento interno y prevenir daños o resultados indeseables, así como fallas no intencionadas. De igual manera, hay que resistir amenazas externas y probar la resiliencia del sistema.

• **Transparencia y explicabilidad.** Transparencia significa que un sistema se elabore de tal manera que se puedan vigilar/supervisar la mayor cantidad de operaciones posibles en todo el ciclo de vida (Apertura en el diseño, desarrollo y procesos de despliegue). El objetivo de estos dos principios, transparencia y explicabilidad, es lograr la confianza en los sistemas y evitar la opacidad de la tecnología. Debe abarcar el manejo de los datos, los algoritmos y procesos, el sistema en sí y el modelo de negocio. La transparencia protege contra los abusos a los derechos humanos. La interpretabilidad permite presentar los resultados en términos entendibles para los humanos que interactúan con el sistema. Depende del dominio y de la persona a quien se está dirigiendo, así por ejemplo, en el ámbito médico, una decisión del sistema inteligente debe poder ser entendida

por el paciente, el médico y el desarrollador. La explicabilidad se refiere a hacer entendibles o explicar los resultados de modelos que inherentemente son de caja negra.
- **Justicia y no discriminación.** Se habla de justicia, en el contexto de la toma de decisiones de un sistema inteligente, como la ausencia de cualquier prejuicio y favoritismo hacia un individuo o grupo basado en sus características inherentes o adquiridas. En todo el ciclo de vida de los sistemas se pueden generar sesgos, que provienen de sesgos humanos, que potencialmente dañen o afecten principalmente a grupos y personas marginadas o particularmente sensibles. La recolección de datos, etiquetado, elección de métricas y objetivos, procesamiento y despliegue son realizados por personas que imprimen sesgos en sus selecciones en cada fase del aprendizaje máquina. Es necesario, por lo tanto, buscar que los equipos de trabajo sean interdisciplinarios e incluyan personas de diversos géneros, razas, y edades entre otros, para que cuiden los intereses de los grupos más vulnerables.
- **Control humano y responsabilidad profesional.** El control humano de la tecnología defiende que los humanos deben seguir teniendo autodeterminación. Los sistemas inteligentes deben buscar cumplir objetivos humanos, deben buscar preservar y aumentar la autonomía humana. En todo momento los sistemas tienen un estado legal de herramientas por lo que la responsabilidad debe ser de los humanos y por lo tanto éstos deben tener la capacidad de intervenir. Este principio es particularmente importante en dominios sensibles en los que la vida, integridad y seguridad de las personas esté en juego. Sistemas en el ámbito de salud, justicia y financiero son ejemplos de estos dominios. El diseño responsable apela a la conciencia de cada

uno de los involucrados en un sistema inteligente dado que las normas y leyes generalmente no pueden seguir el paso a los rápidos avances de la tecnología.

* **Promoción de valores humanos.** De acuerdo a Floridi et al. (Floridi et al., 2018), la inteligencia artificial debe promover los derechos humanos y está relacionado que las siguientes preguntas: ¿Quién podemos llegar a ser? ¿Qué podemos hacer? ¿Qué podemos lograr? Y ¿Cómo podemos interactuar entre nosotros y con el mundo? En respuesta a estas preguntas sugiere que la inteligencia artificial debe buscar:
  * Habilitar autorrealización sin devaluar las habilidades humanas.
  * Habilitar la agencia humana sin remover su responsabilidad.
  * Incrementar las capacidades sociales sin reducir el control humano.
  * Cultivar la cohesión social sin erosionar la autodeterminación humana.

6.2. Reglamentación con base al riesgo de la inteligencia artificial

En respuesta los llamados a acción del Parlamento Europeo (EP) y el Consejo Europeo para crear un marco legislativo que permita asegurar el buen funcionamiento del mercado de sistemas de inteligencia artificial en donde los riesgos y beneficios sean abordados, se propone el 21 de abril de 2021 la nueva legislación para regular la inteligencia artificial (Commission, 2021). La propuesta pretende ser preventiva y se enfoca en los usos más problemáticos de la inteligencia artificial. Está dirigido a los ciudadanos europeos basando su planteamiento en un modelo de control de riesgos.

Está basado en los valores europeos y derechos fundamentales y su propósito es dar a las personas y usuarios la confianza de utilizar soluciones basadas en IA mientras alienta a los negocios a desarrollar sistemas seguros y que cumplan las leyes. Busca soportar el objetivo de la Unión Europea de ser líder en el desarrollo de inteligencia artificial segura, confiable y ética y asegurar la protección de principios éticos. El reglamento clasifica los sistemas inteligentes de acuerdo a su riesgo y diferencia entre los usos de la IA que crean: i) riesgo inaceptable, ii) alto riesgo y iii) bajo o mínimo riesgo.

En el título II (Commission, 2021), describe los sistemas de IA de **riesgo inaceptable** que contravienen los valores de la Unión y/o violan derechos fundamentales. En este caso están las prácticas que tienen el potencial de manipular a las personas con técnicas subliminales o explotar vulnerabilidades de grupos vulnerables específicos como niños o personas con discapacidades pudiendo dañar física o psicológicamente a dichas personas. Prohíbe también los sistemas basados en IA de calificación social desarrollados para propósitos diversos por las autoridades públicas. Los sistemas de identificación biométrica remota en tiempo real y en espacios públicos desarrollados también estarán prohibidos salvo excepciones muy limitadas. Como ejemplo existente de sistemas inteligentes inaceptables podríamos mencionar el sistema social de crédito en China (Donnelly, 2021) en el que todos los ciudadanos son calificados con base a su comportamiento. Este sistema rastrea sus compras y acciones cotidianas para verificar que tan confiable es cada persona y calificar su reputación. El gobierno entonces monitorea y controla a todos sus ciudadanos a través de dispositivos y miles de cámaras en todo el país. Así el gobierno puede promover ciertas actividades para obtener beneficios en la puntuación. Inclusive tiene un sistema en el que los vecinos pueden reportar actividades cotidianas y bajar o subir puntuación.

Las reglas específicas para la regulación de sistemas de IA de **alto riesgo** se proponen en el Título III y se refieren a sistemas usados en áreas sensibles como: a) identificación biométrica y categorización de personas, b) administración y operación de infraestructura crítica, c) entrenamiento educacional y vocacional, d) reclutamiento, selección y evaluación de personal, e) evaluación para el acceso de elegibilidad para servicios y beneficios privados y públicos, f) sistemas para el cumplimiento de la ley, g) administración de la migración, asilo y control de aduanas. Esta definición de sistemas de IA de alto riesgo pretende ser flexible e incluir a todos aquellos sistemas de IA que existan o puedan desarrollarse en el futuro que supongan un riesgo de daño para la salud y/o la seguridad o puedan provocar daños adversos a los derechos fundamentales. Los sistemas de IA deberán ser sujetos de evaluación por terceras partes de acuerdo a la legislación que los considera de altos riesgo y deben estar en conformidad con legislaciones existentes por ejemplo las que incluyen juguetes, ascensores, electrodomésticos que queman combustible gaseoso y dispositivos médicos. Los requisitos de cumplimiento de los sistemas de alto riesgo se especifican en (Commission, 2021) y son ambiciosos y en algunos puntos ambiguos, sin embargo, son una base para la evaluación del riesgo de los sistemas de IA. Indica que es necesario tomar en cuenta el propósito del sistema y que el proveedor cumpla los siguientes requisitos (Burri y von Bothmer, 2021):

- Establecer, implementar y documentar un sistema de administración del riesgo. El sistema de administración de riesgo consistirá en un proceso continuo e iterativo que deberá abarcar todo el ciclo de vida de un sistema de IA de alto riesgo.
- Asegurar la calidad de datos y su gobernanza.
- Debe mantenerse documentación técnica y bitácoras y establecer la transparencia del sistema.

- Debe garantizarse el control y supervisión humano durante todo el diseño o habilitar a los usuarios.
- Se requiere precisión, robustez y ciberseguridad del sistema de IA.
- Si el sistema de IA no está integrado a otros productos regulados debe ser registrado en una nueva base de datos pública.

Es importante notar que esta categoría de alto riesgo deja fuera los sistemas de inteligencia para la defensa y de ámbitos militares, así como aquellos de ciberseguridad. La mayoría de los sistemas de IA son clasificados en la categoría de algoritmos de **bajo riesgo o riesgos limitados** y solo se les impone regulación de transparencia limitada y requerimientos de divulgación. En particular, las personas deben ser informadas de que están interactuando con un sistema de IA. Ejemplos de estos sistemas inteligentes serían los chatbots y sistemas de reconocimiento emocional en los que se urge a notificar al usuario de la interacción con la IA.

Este reglamento y la clasificación con base a riesgos para la inteligencia artificial es un avance en el sentido que da garantías de trazabilidad, transparencia y supervisión además de que supone registrar los sistemas de IA. Sin embargo, todavía hay mucho que hacer con respecto al instrumento de cumplimiento y en la claridad de los requisitos.

7. Implementación de la Inteligencia Artificial considerando el "Ciclo ético"

En la literatura existen algunas herramientas que permiten abordar el problema de análisis de avances científicos-tecnológicos desde una perspectiva ética. (de Poel y Royakkers, 2011) por ejemplo proponen el desarrollo de un modelo al que llamaron el Ciclo ético. Proponen esta idea ya que mencionan que el proceso no puede ser considerado como lineal, y que debe considerarse más como un proceso iterativo el cual vaya mejorando y adaptándose de acuerdo a las circunstancias. El ciclo completo se puede observar en la Figura 6:

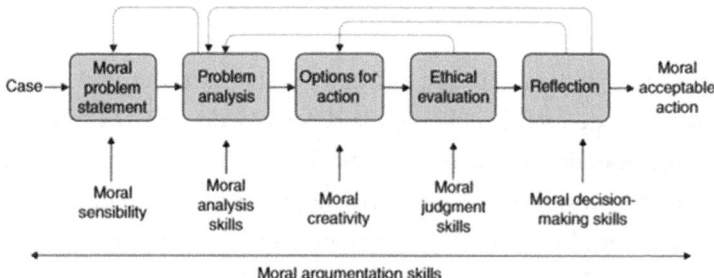

Figura 6. Ciclo ético de Poel y Royyakers para el análisis sobre la moralidad de un problema aplicado a la ingeniería.

Para la correcta implementación del ciclo, es necesario hacer un buen planteamiento del problema a analizar. Para el planteamiento del problema se propone que sea una pregunta clara y de fácil comprensión; que incluya la situación moral que se tenga en consideración; y finalmente, los posibles resultados. Poder lograr todo esto desde un primer intento no es fácil, por ello hay que formular varias veces el planteamiento del problema hasta lograr una pregunta adecuada. Posteriormente se debe de hacer un análisis del problema. Esto implica considerar a todos los involucrados, los hechos, las responsabilidades, los posibles resultados, las limitantes y cualquier información adicional disponible. En este punto, si no es posible hacer una selección adecuada de todos los elementos involucrados, se tiene la opción de regresar al primer paso para tratar de hacer una definición más adecuada del problema, buscando siempre ser preciso. Una vez terminado el análisis del problema, el siguiente paso corresponde a determinar las posibles opciones a escoger dentro del problema. En este punto existe la posibilidad de redefinir el problema ante la recepción de nueva información. Esta opción de regresar al análisis del problema también es posible en la etapa subsecuente. La cuarta etapa corresponde a la evaluación del condensado de información (problema junto con sus variables), dentro de un marco ético. El marco ético puede ser una perspectiva sencilla como lo es el sentido común (Holyoak y Powell, 2016), un código de conducta establecido por la sociedad (S.Schwartz, 2002), hasta marcos teóricos formales más elaborados. Para el presente capítulo hacemos uso de la síntesis-resumen de otros autores y no de las fuentes primarias para el caso del utilitarismo de Bentham (Viner, 1949). Esto sirve como un primer ejercicio de aplicación práctico que si bien no es total y está sujeta a discusión, nos permite una primera aproximación de la posible implementación del ciclo ético propuesto por los autores. Así mismo, se considera el trabajo primario realizado por Imannuel Kant en el que plantea el tan conocido imperativo categórico (Kant, 1785) (Bordum, 2005). Para la última etapa, esta conlleva una reflexión sobre los resultados obtenidos ante la decisión tomada, y se determinará si fue el mejor resultado de todos. Ante la duda se recomienda redefinir las opciones de acción, o en su defecto, todo el problema nuevamente. Este modelo demuestra ser muy útil para la toma de decisiones relacionadas con los aspectos tecnológicos y científicos (Van De Poel y Royakkers, 2007). Sin embargo, la pregunta es si su valides puede prevalecer ante la nueva era tecnológica que se está desarrollando actualmente entorno a la IA.

Para lograr un análisis más profundo, se propone agregar al modelo dos nuevas etapas. La primera corresponde a una clasificación del tipo de avance en cuestión. La segunda trata sobre un concepto conocido como el principio precautorio. Este último punto se revisará con más detalle en una subsección posterior.

Para la clasificación del tipo de avance, en general, la justificación que se da para muchos de los desarrollos tecnológicos es posible clasificarlos bajo alguna de las siguientes 3 categorías (Van de Poel y Royakkers, 2011):

1. **Entusiasmo tecnológico.** Este ideal se enfoca únicamente en afrontar los retos tecnológicos para la obtención de diversos desarrollos. Este tipo de enfoque implica un gusto por el descubrimiento de nuevas tecnologías simplemente por la posibilidad de que existan (Kafaee, 2019).

2. **Efectividad y eficiencia.** Se puede definir la efectividad como que tan bien se ha logrado cierto objetivo, mientras que la eficiencia se define como la obtención del objetivo, haciendo uso de la menor cantidad de recursos. Muchas veces, se emplea esta justificación para gran parte de las implementaciones tecnológicas, debido a ser en apariencia de tipo neutral y objetiva. En este sentido, las computadoras, por ejemplo, mediante la implementación de algoritmos son mejores al desempeñar tareas como el hacer conexiones dentro de un grupo de datos, mejor que una persona (Karppi, 2018).

3. **Bienestar de la humanidad.** Este ideal, visto desde la perspectiva de un ingeniero, tiene implicaciones de seguridad, sustentabilidad y profesionalismo. Dependiendo la disciplina, se priorizan algunas características más que otras. Para un científico de datos, la seguridad es primordial, seguido del profesionalismo dividido en veracidad y privacidad.

Los primeros dos enfoques han sido ampliamente utilizados como justificante para los diversos avances tecnológicos. De hecho, es justo pensar que, debido a sus definiciones, los avances relacionados con IA entran solamente en estas dos categorías. Pero, es importante resaltar que ambos casos carecen del componente ético sobre la bondad o maldad de dichos avances. En el caso del ejemplo del SPAM, es claro que la justificación seleccionada fue la de efectividad y eficiencia. Se buscó abarcar a la mayor cantidad de clientes potenciales, utilizando la menor cantidad de recursos. El resultado final fue un incremento en el número de solicitudes que recibió el despacho de abogados. Sin embargo, son las implicaciones a largo plazo, las que nos permiten ahora poder clasificar a esta práctica como no adecuada en el sector publicitario. Por otro lado, el ejemplo del estudio realizado por Facebook y la Universidad de Cornell, claramente cae en el caso de entusiasmo tecnológico. El objetivo es un desarrollo científico sobre comportamiento social. Pero a pesar de esto, se optó por dejar a un lado elementos como la seguridad, la privacidad, y el profesionalismo en el manejo de la información personal de los usuarios. Es evidente que los dos primeros ideales no son moralmente recomendables. Como se pudo observar, ambos casos pueden convertirse en situaciones inmorales rápidamente. Más cuando el objetivo a alcanzar claramente es inmoral.

Poder clasificar un avance científico o tecnológico en la última justificación en cambio es un poco más complejo. Lo que actualmente pueda parecer como un beneficio y moralmente aceptable, puede convertirse en un comportamiento no propio dentro de la sociedad con el avanzar del tiempo. Actualmente se está compartiendo muchos algoritmos, códigos de aprendizaje máquina-inteligencia artificial, y bases de datos con fines científicos, educacionales y de desarrollo. La idea es que sean accesibles y mediante su uso, puedan ir mejorando. Esto derivaría en un mayor beneficio para todos. Si lo analizamos solamente desde esta perspectiva, la justificación en si es para un bienestar común. El problema radica en si estas aplicaciones serán o no realmente usadas con esa perspectiva en años futuros. Como ejemplo está lo ocurrido a principios del 2021 dentro de la comunidad de Linux. La Universidad de Minnesota se hizo acreedora a un veto de por vida por parte de la comunidad. La razón es que un grupo de

investigadores aprovecho esta apertura que da la plataforma de
Linux a las diferentes contribuciones, y estuvieron introducien-
do vulnerabilidades a propósito al kernel del sistema. Esto atenta
completamente con el ideal original sobre el cual está formada
la comunidad de Linux y por lo tanto la decisión de eliminar
todo contenido creado por parte de los usuarios de la universidad. Aunque la decisión pueda parecer extrema, el objetivo de la
comunidad es mantener ese nivel de apertura que han manejado
desde sus inicios.

Como se puede observar, existen muchos ejemplos en los que
no queda claro el correcto uso de la información. Otro ejemplo
en el que sería adecuado implementar el ciclo ético es el de la privacidad de los datos. Lo queramos o no, formamos parte de esta
generación masiva de información. Muchas compañías se están
haciendo dueñas de estos datos para poder generar ganancias a
partir de ellos. Las instituciones están apelando al relativismo normativo, indicando que la información les pertenece a ellos dado
que fue obtenida a partir de sus herramientas y que los mismos
usuarios estuvieron de acuerdo en que la información fuera generada y almacenada. Usando este tipo de tecnicismo, las compañías
esperan que los usuarios deban de respetar su postura con respecto
al manejo de los datos. Lo más preocupante es que en general la
sociedad ha admitido esta situación como aceptable ya sea por
omisión o por pasividad. Sin embargo, existen algunos grupos que
buscan regular por completo el comportamiento de estas instituciones.

Por lo tanto, existe una necesidad evidente de poder analizar
los avances tecnológicos relacionados con la IA. La herramienta
propuesta para poder llevar a cabo este tipo de análisis es el ciclo
ético. Por su carácter iterativo y por el tipo de desarrollos que se
analizarán se considera una herramienta adecuada. Dentro del
desarrollo del ciclo ético en el presente trabajo, se mencionarán

algunos ejemplos relacionados al dilema de la privacidad de los datos.

7.1. Declaración del problema moral

El primer paso dentro del ciclo ético es la declaración del problema moral. Esto se puede lograr de una manera sencilla si se realiza a modo de pregunta. La pregunta debe ser clara, en la que el problema esté definido de una forma sencilla, y de ser posible mencionar los actores involucrados. Finalmente deberá mencionar la moralidad del problema a tratar, en donde de ser posible, se puedan distinguir los posibles resultados. En este sentido, si se quisiera plantear la declaración del problema moral con respecto a los procesos relacionados con los datos en la era del BD y la IA, una posible alternativa sería:

"¿Bajo qué circunstancias es moralmente correcto recolectar, manejar, procesar, almacenar, transferir y/o utilizar información de terceros?"

Como se puede observar, esta pregunta resulta compleja. Un curso de acción sería descomponerla en preguntas más sencillas en las que solo se utilice un verbo. Con esto obtendríamos una serie de preguntas en las que algunas resulten más sencillas de analizar que otras. Sin embargo, no es del todo erróneo empezar con una premisa tan amplia. Dada la dimensión actual y los alcances que está teniendo el BD y la IA, es imposible no notar que el uso de los datos ya derivó en todas estas acciones que deberían de ser analizadas desde una perspectiva ética. Una de las ventajas que tiene el ciclo ético es que nos permite reformular el problema ya que hayamos avanzado algunas etapas. Esto debido a que muchas veces conforme avanza el análisis, es posible identificar más aspectos relacionados con el problema inicial. Ante cada iteración del ciclo, es posible obtener límites más adecuados del problema a analizar.

7.2. Análisis del problema

En esta segunda etapa del ciclo ético, se describen los elementos más relevantes al problema moral descrito. Ejemplos de estos elementos son los actores involucrados (pudiendo ser los responsables y/o los afectados), los valores morales relevantes a la situación, y cualquier hecho que sea parte del problema en cuestión. La importancia de estos elementos radica en el hecho de que proporcionan una dimensión sobre la situación actual con respecto al problema moral a analizar. Estos elementos también son importantes para etapas posteriores dentro del ciclo ético. Un aspecto clave en esta etapa son justamente los actores. Su correcta definición ayuda en gran parte a una mejor decisión al final del ciclo. Los actores pueden ser individuos, hasta instituciones u organizaciones. En los casos ya antes mencionados tenemos que los actores pueden ser compañías como Facebook, Wikipedia, Yelp, los gobiernos, la sociedad, las personas, etc. Junto con los actores, es importante especificar cuáles son sus intereses involucrados. Muchas veces esto se puede ver en la definición de los hechos relacionados al problema moral. Es importante tener presente que no siempre los actores deben estar de acuerdo con los hechos, o que no siempre son aspectos conocidos en un inicio. Es posible que con nuevas iteraciones se puedan incluir más actores y/o hechos al análisis del problema. Debido a todas estas situaciones, muchas veces la formulación del problema moral se ve afectada ante nuevas inclusiones.

7.3. Opciones de acción

Esta es la única parte del ciclo en la que no se regresa a ninguno de los pasos anteriores. La razón es que, en este punto, se deben plantear posibles medios de acción ante el problema moral. Por lo tanto, no merece una reformulación del problema o de los actores.

Al contrario, con la información presente se trata de proponer una solución o soluciones. Debemos recordar que el problema puede no ser dicótomo, i.e. bivariante. La respuesta puede que no sea algo que simplemente podamos definir de bueno o malo. Al contrario, puede que existan varios escenarios intermedios, que son posibles de alcanzar mediante alguna de las acciones que se establezcan en este paso. Las acciones puede que no sean simples, o puede que no sean obvias. Puede incluso que en el momento de que se planeta el análisis, no existan. Pero eso no impide a que no se pueda proponer como alternativa. Siendo este el caso, es responsabilidad de los actores lograr que se cumplan las acciones propuestas. Es importante también tratar de mantener el número de involucrados a un punto que sea realmente necesario por el problema. No es necesario que toda la sociedad participe en cada análisis que se realice. No todos estamos calificados de la misma manera para poder opinar con respecto a ciertos temas. Sin embargo, habrá momentos en los que el problema en cuestión, tendrá un impacto drástico dentro de una sociedad. Es en estos casos donde sí es importante contar con la aprobación de la mayoría. Pero en la medida de lo posible hay que tratar de no incurrir en este tipo de situaciones.

7.4. Evaluación ética

Este paso permite hacer un análisis desde una perspectiva moral sobre los elementos recolectados hasta este punto. La cuestión, los actores, así como las posibles acciones son revisadas, y en caso de no ser los adecuados, se regresa al paso 2 del ciclo. El tipo de evaluación al cual son sujetos pueden ser diversos. Se puede iniciar la apreciación utilizando conceptos simples como el sentido común. Posteriormente se procede a revisar el uso de algún tipo de código de conducta previamente establecido. En caso de que el problema requiera de una valoración más profunda, se procede al uso de un marco teórico ético. Para el presente trabajo, las opciones consideradas son el utilitarismo de Bentham y el imperativo categórico de Kant. Por un lado, el utilitarismo platea la selección de la acción que genera mayor beneficio y felicidad, considerando al mismo tiempo el sufrimiento que dicha acción produce en las personas involucradas. Por otro lado, el segundo marco ético que se consideraría es el del imperativo categórico de Kant, que fundamenta su operación en la dignidad individual.

7.5. Reflexión

Una vez alcanzado este punto y que las variables disponibles en el momento de análisis han sido establecidas, es necesario hacer una reflexión profunda con todos estos elementos en conjunto. La reflexión determina si la información recabada es suficiente para poder avanzar a la siguiente etapa del ciclo. Así mismo se evalúa si el marco ético establecido es el más adecuado. En caso de que alguno de estos elementos no sea el adecuado, nuevamente se regresaría a etapas anteriores para poder entonces recabar más información. El objetivo principal de esta etapa es que los actores se cercioren de estar considerando todas las aristas del problema que están analizando. Al término de la reflexión, en el ciclo ético tradicional propuesto por Van de Poel 2007, se propone la inclusión de una segunda etapa de reflexión. En esta etapa se hará uso de una herramienta conocida como el principio precautorio. En caso de que el análisis cumpla con todas estas etapas, entonces se podrá proceder a la implementación de la acción moralmente aceptada.

7.6. Principio precautorio

El ciclo ético es entonces una forma práctica en la que los actores pueden determinar la moralidad de los desarrollos en los que estén trabajando. Pero, debido a la rápida evolución del BD y la IA, no siempre será posible lograr un correcto análisis en tiempo. O puede que, si se haya completado el ciclo, pero tiempo después, las decisiones que en un momento parecieron adecuadas, ya no lo sean después. Una forma de poder conseguir que las decisiones tengan que estar evolucionando a la par de los avances dentro de la ciencia de datos es mediante la inclusión del principio precautorio. El principio precautorio es una herramienta útil para definir de manera correcta los límites y alcances de los diversos avances tecnológicos. Dicho principio inició como parte de las regulaciones ambientales en 1970 (Foster et al., 2000). El principio establece que ante la incertidumbre de los resultados de algún tipo de desarrollo científico o tecnológico, se tomen medidas de prevención ante los posibles riesgos a la salud o el medio ambiente (Pieters y Cleeff, 2009). Para la implementación del principio precautorio, solo hace falta la duda ante el correcto funcionamiento de algún tipo de desarrollo. Es debido a este tipo de incertidumbre, que el principio es tachado de ser una forma radical de obstaculizar los avances científicos (Sandin y Peterson, 2019). Sin embargo, llevado de una forma adecuada, sería una buena herramienta para los manejos que hacen las instituciones con respecto a los datos. Ejemplos sobre su uso existen en diversas áreas de desarrollo. En la actualidad, la Unión Europea lo considera como requisito importante en varias de las leyes que pasan para la comunidad. En el presente trabajo, se propone la adición del principio precautorio al término de todas las iteraciones del ciclo ético, y de este modo establecer si es prudente continuar o no con el desarrollo actual propuesto. De este modo, conforme los tiempos vayan cambiando, se tiene la opción de renovar la cuestión moral y determinar si sigue siendo viable o no la acción tomada. Con esta adición, junto con la de la clasificación del problema, el ciclo ético adaptado para el manejo de los problemas en la era del BD y la IA propuesto se presenta en la Figura 7:

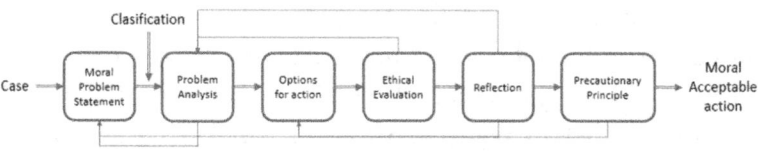

Figura 7. Ciclo ético para el análisis de la moralidad en
problemas de Big data y de Inteligencia Artificial.

7.7. *Acción moralmente aceptable*

En inicio, el ciclo ético se planteó como un ejercicio de reflexión individual ante los desarrollos tecnológicos (de Poel and Royakkers, 2011). Sin embargo, el alcance global que están teniendo muchos de los avances en el campo de la IA y el BD, hacen que esta tarea sea más adecuada para un equipo de expertos tanto en tecnología como en ética. Será responsabilidad de este equipo desarrollar el ciclo ético, y al término de las iteraciones, se espera haber alcanzado una acción que sea aceptable para el momento en el tiempo en el que se esté desarrollando. Dicha acción deberá de ser capaz de modificarse conforme la sociedad así lo vaya requiriendo. Debemos de recordar que lo que hace siglos o décadas atrás era aceptable, en la sociedad actual puede que no lo sea. Es recomendable dar una revisión periódica a la acción obtenida al final del ciclo para evaluar su validez en el periodo de evaluación. Por lo tanto, el final del ciclo ético conllevaría el inicio de un nuevo ciclo, pero ahora de evaluaciones y actualizaciones a la acción tomada originalmente.

Referencias

Abiodun, O. I., Jantan, A., Omolara, A. E., Dada, K. V., Mohamed, N. A., y Arshad, H. (2018a). *State-of-the-art in artificial neural network applications: A survey.* Heliyon, 4(11), e00938.

Abràmoff, M. D., Lou, Y., Erginay, A., Clarida, W., Amelon, R., Folk, J. C., y Niemeijer, M. (2016). Improved automated detection of diabetic retinopathy on a publicly available dataset through integration of deep learning. *Investigative ophthalmology & visual science*, 57(13), pp. 5200-5206.

Addo-Tenkorang, R. y Helo, P. T. (2016). Big data applications in operations/supply-chain management: A literature review. *Computers & Industrial Engineering*, 101, pp. 528-543.

Agrawal, A. y Choudhary, A. (2016). Perspective: Materials informatics and big data: Realization of the "fourth paradigm" of science in materials science. *Apl Materials*, 4(5), 053208.

Ahuett-Garza, H. y Kurfess, T. (2018). A brief discussion on the trends of habilitating technologies for industry 4.0 and smart manufacturing. *Manufacturing Letters*, 15, pp. 60-63.

Alabi, M., Nixon, K. y Botef, I. (2018). A survey on recent applications of machine learning with big data in additive manufacturing industry. *Am J Eng Appl Sci*, 11(3), pp. 1114-1124.

Alam, M., Samad, M. D., Vidyaratne, L., Glandon, A., y Iftekharuddin, K. M. (2020). Survey on deep neural networks in speech and vision systems. *Neurocomputing*, 417, pp. 302-321.

Alom, M. Z., Taha, T. M., Yakopcic, C., Westberg, S., Sidike, P., Nasrin, M. S., Hasan, M., Van Essen, B. C., Awwal, A. A., y Asari, V. K. (2019). *A state-of-the-art survey on deep learning theory and architectures. electronics*, 8(3), p. 292.

Avalos Gauna, E. y Palafox Novack, L. F. (2019). *Heat transfer coefficient prediction of a porous material by implementing a machine learning model on a cfd data set.* OPENAIRE.

Bacardit, J. y Llora, X. (2013). Large-scale data mining usinggenetics-based machine learning. *Wiley Interdisciplinary Reviews: Data Mining and Knowledge Discovery*, 3(1), pp. 37-61.

Bay. (2020). Bayesian networks in healthcare: Distribution by medical condition. *Artificial Intelligence in Medicine*, 107, 101912.

Bordum, A. (2005). Immanuel Kant, Jürgen Habermas and the categorical imperative. *Philosophy & Social Criticism*, 31(7), pp. 851-874.

Brynjolfsson, E., Hitt, L. M., y Kim, H. H. (2011). *Strength in numbers: How does data-driven decisionmaking affect firm performance?* Available at SSRN 1819486.

Bucciarelli, L. L. (2008). Ethics and Engineering Education. *European Journal of Engineering Education*, 33(2), pp. 141-149.

Bui, P. (2021). *Using ai to help find answers to common skin conditions.*

Burri, T. y von Bothmer, F. (2021). *The new eu legislation on artificial intelligence: A primer.* Available at SSRN 3831424.

Carroll, B. (2002). Price of privacy: Selling consumer databases in bankruptcy. *Journal of Interactive Marketing*, 16(3), pp. 47-58.

Chatila, R. y Havens, J. C. (2019). The IEEE global initiative on ethics of autonomous and intelligent systems. *In Robotics and wellbeing*, (pp. 11-16). Springer.

Cleveland, W. S. (2001). Data science: an action plan for expanding the technical areas of the field of statistics. *International statistical review*, 69(1), pp. 21-26.

Commission, E. (2021). *Proposal for a regulation of the european parliament and of the council laying down harmonised rules on artificial intelligence (artificial intelligence act) and amending certain union legislative acts.*

Conway, D. (2013). *The data science venn diagram.*

Cuzzocrea, A., Song, I. Y. y Davis, K. C. (2011). Analytics over large-scale multidimensional data: The big data revolution! *International Conference on Information and Knowledge Management, Proceedings*, pp. 101-103.

Davenport, T. H. y Patil, D. (2012). Data Scientist: The Sexiest Job of the 21st Century. *Harvard Business Review, Spotlight on Big Data*, pp. 70-77.

de Poel, I. V. y Royakkers, L. (2011). *Ethics, Technology, and Engineering, volume 3.* Wiley-Blackwell.

Deisenroth, M. P., Faisal, A. A., y Ong, C. S. (2020). *Mathematics for machine learning.* Cambridge University Press.

DePristo, M. y Poplin, R. (2017). *Deepvariant–highly accurate genomes with deep neural networks*. Google AI Blog.

Do, C. B. y Ng, A. (2012). Transfer learning for text classification. *Proceedings of the 18th International Conference on Neural Information Processing Systems, NIPS*, pp. 299-306.

Dobrev, D. (2004). *A definition of artificial intelligence*. arXiv preprint arXiv:1210.1568.

Donnelly, D. (2021). *An introduction to the China social credit system*.

Duan, Y., Edwards, J. S. y Dwivedi, Y. K. (2019). Artificial intelligence for decision making in the era of big data–evolution, challenges and research agenda. *International Journal of Information Management*, 48, pp. 63-71.

Erevelles, S., Fukawa, N. y Swayne, L. (2016). Big data consumer analytics and the transformation of marketing. *Journal of business research*, 69(2), pp. 897-904.

Ertel, W. (2018). *Introduction to artificial intelligence*. Springer.

Esteva, A., Kuprel, B., Novoa, R. A., Ko, J., Swetter, S. M., Blau, H. M., and Thrun, S. (2017). *Dermatologist-level classification of skin cancer with deep neural networks. nature*, 542(7639), pp. 115-118.

Ferrara, E. (2019). The history of digital spam. *Communications of the ACM*, 62(8), pp. 82-91.

Fjeld, J., Nele Achten, H., Hilligoss, A., y Srikumar, M. (2020). *Principled Artificial Intelligence: Mapping Consensus in Ethical and Rights-based Approaches to Principles for AI*. Berkman Klein Center for Internet & Society, p. 60.

Flick, C. (2016). Informed consent and the Facebook emotional manipulation study. *Research Ethics*, 12(1), pp. 14-28.

Flores-Ávalos, E. L. y García, X. P. (2019). Protección al derecho a la imagen y a la voz y comunicación. Introducción. *Revistas Jurídicas*, UNAM.

Floridi, L. y Cowls, J. (2019). *A unified framework of five principles for ai in society. Issue 1.1*, Summer 2019, 1(1).

Floridi, L., Cowls, J., Beltrametti, M., Chatila, R., Chazerand, P., Dignum, V., Luetge, C., Madelin, R., Pagallo, U., Rossi, F., et al. (2018). Ai4people–an ethical framework for a good ai society: opportunities, risks, principles, and recommendations. *Minds and Machines*, 28(4), pp. 689-707.

Foley, E. y Guillemette, M. G. (2010). What is business intelligence? *International Journal of Business Intelligence Research (IJBIR)*, 1(4), pp. 1-28.

Forum, W. E. (2020). *The future of jobs report 2020*. World Economic Forum, Geneva, Switzerland.

Foster, K. R., Vecchia, P. y Repacholi, M. H. (2000). Science and the Precautionary Principle. *Science Magazine*, 288 (May).

Gambella, C., Ghaddar, B. y Naoum-Sawaya, J. (2020). Optimization problems for machine learning: A survey. *European Journal of Operational Research*.

Gantz, J. y Reinsel, D. (2012). *The Digital Universe in 2020: Big Data, Bigger Digital Shadows, and Biggest Growth in the Far East. Technical Report*. December 2012.

González-Fernández, K., Siqueiros, E. y Palafox, L. (2020). Retos éticos de la ciencia de datos, antes y después de una pandemia. *Istmo*, 69, pp. 68-73.

He, Z. y Yu, W. (2010). Stable feature selection for biomarker discovery. *Computational biology and chemistry*, 34(4), pp. 215-225.

Hedley, S. (2006). A brief history of spam. Information and Communications *Technology Law*, 15(3), pp. 223-238.

Helm, J. M., Swiergosz, A. M., Haeberle, H. S., Karnuta, J. M., Schaffer, J. L., Krebs, V. E., Spitzer, A. I., y Ramkumar, P. N. (2020). Machine learning and artificial intelligence: Definitions, applications, and future directions. *Current reviews in musculoskeletal medicine*, 13(1), pp. 69-76.

Herrera-Vega, J., Orihuela-Espina, F., Ibargüengoytia, P. H., García, U. A., Vila Rosado, D.-E., Morales, E. F., y Sucar, L. E. (2018). A local multiscale probabilistic graphical model for data validation and reconstruction, and its application in industry. *Engineering Applications of Artificial Intelligence*, 70, pp. 1-15.

Hilbert, M. (2016). Big data for development: A review of promises and challenges. *Development Policy Review*, 34(1), pp. 135-174.

Himanen, L., Geurts, A., Foster, A. S., y Rinke, P. (2019). Data-driven materials science: status, challenges, and perspectives. *Advanced Science*, 6(21), 1900808.

Holyoak, K. J. y Powell, D. (2016). Deontological coherence: A framework for commonsense moral reasoning. *Psychological Bulletin*, 142(11), 1179-1203.

Hormozi, A. M. y Giles, S. (2004). Data mining: A competitive weapon for banking and retail industries. *Information systems management*, 21(2), pp. 62-71.

Hu, H., Wen, Y., Chua, T.-S., y Li, X. (2014). Toward scalable systems for big data analytics: A technology tutorial. *IEEE access*, 2, pp. 652-687.

Hu, Y., Zhang, J., Bai, X., Yu, S., y Yang, Z. (2016). Influence analysis of github repositories. *SpringerPlus*, 5(1), 1268.

ISO (2019). *La era de la inteligencia artificial*. Focus.

Jahne, B. (2000). *Computer vision and applications: a guide for students and practitioners*. Elsevier.

Jobin, A., Ienca, M., y Vayena, E. (2019). The global landscape of ai ethics guidelines. *Nature Machine Intelligence*, 1(9), pp. 389-399.

Jones, L., Golan, D., Hanna, S., y Ramachandran, M. (2018). Artificial intelligence, machine learning and the evolution of healthcare: a bright future or cause for concern? *bone joint res.* 7 (3), pp. 223-5.

Josed, R. y Seeram, R. (2018). Materials 4.0: Materials big data enabled materials discovery. *appl. Mater. Today*, 10, pp. 127-132.

Kaelbling, L., Littman, M., y Moore., A. (1996). Reinforcement learning: A survey. *Journal of Artificial Intelligence Research*, 4, pp. 237-285.

Kafaee, M. (2019). Technological Enthusiasm: Morally Commendable or Reprehensible? *Science and Engineering Ethics*, 26(2), pp. 969-980.

Kant, I. (1785). *Groundwork of the Metaphysics of Morals*. Cambridge University Press.

Karppi, T. (2018). "The Computer Said So": On the Ethics, Effectiveness, and Cultural Techniques of Predictive Policing. *Social Media and Society*, 4(2).

Kleinsman, J. y Buckley, S. (2015). Facebook Study: A Little Bit Unethical But Worth It? *Journal of Bioethical Inquiry*, 12(2), pp. 179-182.

Kline, R. (2011). Cybernetics, automata studies, and the Dartmouth conference on artificial intelligence. *IEEE Annals of the History of Computing*, 33(4), pp. 5-16.

Kour, H. y Gondhi, N. (2019). *Machine learning techniques: A survey*. In *International Conference on Innovative Data Communication Technologies and Application*, (pp. 266-275). Springer.

Kramer, A. D., Guillory, J. E., y Hancock, J. T. (2014). Experimental evidence of massive-scale emotional contagion through social networks. *Proceedings of the National Academy of Sciences of the United States of America*, 111(24), pp. 8788-8790.

Krizhevsky, A., Sutskever, I., y Hinton., G. (2012). Imagenet classification with deep convolutional neural networks. *Advances in Neural Information Processing Systems*, 25(2).

Kumar, A., Howlader, P., Garcia, R., Weiskopf, D., y Mueller, K. (2020). Challenges in interpretability of neural networks for eye movement data. *In ACM Symposium on Eye Tracking Research and Applications*, pp. 1-5.

Kumari, A., Tanwar, S., Tyagi, S., Kumar, N., Maasberg, M., y Choo, K.-K. R. (2018). Multimedia big data computing and internet of things applications: A taxonomy and process model. *Journal of Network and Computer Applications*, 124, pp. 169-195.

Lazar, J. and Preece, J. (2003). Spam, spam, spam, spam: How can we stop it? *Conference on Human Factors in Computing Systems-Proceedings*, pp. 706-707.

Leo, M., Sharma, S., and Maddulety, K. (2019). Machine learning in banking risk management: A literature review. *Risks*, 7(1), p. 29.

Llewellynn, T., Fernández-Carrobles, M. M., Deniz, O., Fricker, S., Storkey, A., Pazos, N., Velikic, G., Leufgen, K., Dahyot, R., Koller, S., et al. (2017). Bonseyes: platform for open development of systems of artificial intelligence. *In Proceedings of the computing frontiers conference*, pp. 299-304.

Marren, P. (2004). The father of business intelligence. *Journal of Business Strategy*.

Martin-Barragan, B., Lillo, R., y Romo, J. (2014). Interpretable support vector machines for functional data. *European Journal of Operational Research*, 232(1), pp. 146-155.

Martínez-Velasco, A. y Martínez-Villaseñor, L. (2017). A Survey of Machine Learning Approaches for Age Related Macular Degeneration Diagnosis and Prediction. In *MICAI 2017, volume 10632 LNAI*, pp. 257-266.

McAfee, A., Brynjolfsson, E., Davenport, T. H., Patil, D., y Barton, D. (2012). Big data: the management revolution. *Harvard business review*, 90(10), pp. 60-68.

McClelland, C. (2018). The difference between artificial intelligence, machine learning, and deep learning. *Retrieved February*, 13.

Mitchell, T. (1997). *Machine learning*. McGraw Hill.

Moor, J. (2006). Artificial Intelligence Conference: The Next Fifty Years. *AI Magazine*, 27(4), pp. 87-91.

Nettleton, E. (2004). Electronic marketing and the new anti-spam regulations. *Journal of Database Marketing & Customer Strategy Management*, 11(3), pp. 235-240.

Newell, A. y Simon, H. (1956). The logic theory machine–a complex information processing system. *IRE Transactions on Information Theory*, 2(3), pp. 61-79.

Null, L. y Lobur, J. (2006). *The Essentials of Computer Organization And Architecture*. Jones and Bartlett Publishers, Inc., USA.

OEC. (2019). *What are the oecd principles on ai?*

Ongsulee, P. (2017). Artificial intelligence, machine learning and deep learning. In *International Conference on ICT and Knowledge Engineering*, pp. 1-6.

Palmer, D. E. (2005). Pop-ups, cookies, and spam: Toward a deeper analysis of the ethical significance of internet marketing practices. *Journal of Business Ethics*, 58(1), pp. 271-280.

Peters, B. S., Armijo, P. R., Krause, C., Choudhury, S. A., y Oleynikov, D. (2018). Review of emerging surgical robotic technology. *Surgical endoscopy*, 32(4), pp. 1636-1655.

Pieters, W. and Cleeff, A. V. (2009). *The Precautionary Principle in a World of Digital Dependencies*. IEEE Computer Society.

Ponce, H. y Martinez-Villaseñor, M. L. (2017). Interpretability of artificial hydrocarbon networks for breast cancer classification. In *2017 International Joint Conference on Neural Networks* (IJCNN), pp. 3535-3542. IEEE.

Ponce, H., Martínez-Villaseñor, L., Núñez-Martínez, J., MoyaAlbor, E., y Brieva, J. (2020). Open source implementation for fall classification and fall detection systems. In *Challenges and Trends in Multimodal Fall Detection for Healthcare*, (pp. 3-29). Springer.

Poplin, R., Varadarajan, A. V., Blumer, K., Liu, Y., McConnell, M. V., Corrado, G. S., Peng, L., y Webster, D. R. (2018). Prediction of cardiovascular risk factors from retinal fundus photographs via deep learning. *Nature Biomedical Engineering*, 2(3), pp. 158-164.

Provost, F. y Fawcett, T. (2013). Data science and its relationship to big data and data-driven decision making. *Big data*, 1(1), pp. 51-59.

Raina, R., Madhavan, A., y Ng, A. Y. (2009). Large-scale deep unsupervised learning using graphics processors. In *Proceedings of the 26th Annual International Conference on Machine Learning, ICML '09*, (pp. 873-880). Association for Computing Machinery.

Rajaraman, V. (2016). Big data analytics. *Resonance*, 21(8), pp. 695–716.

Rigel, D. S., Friedman, R. J., Kopf, A. W., y Polsky, D. (2005). Abcde–an evolving concept in the early detection of melanoma. *Archives of dermatology*, 141(8), pp. 1032-1034.

Rondinelli, J. M., Benedek, N. A., Freedman, D. E., Kavner, A., Rodriguez, E. E., Toberer, E. S., y Martin, L. W. (2013). Accelerating functional materials discovery insights from geological sciences, data-driven approaches, and computational advances. *American Ceramic Society Bulletin*, 92(9), pp. 14-22.

Sabina, L. (2019). What distinguishes data from models? *European Journal for Philosophy of Science*, 9(11).

Sandin, P. and Peterson, M. (2019). Is the Precautionary Principle a Midlevel Principle? *Ethics, Policy and Environment*, 22(1), pp. 34-48.

Shin, Y. (2019). The Spring of Artificial Intelligence in Its Global Winter. *IEEE Annals of the History of Computing*, 41(4), pp. 71-82.

Shinde, P. P. and Shah, S. (2018). A Review of Machine Learning and Deep Learning Applications. In *Proceedings - 2018 4th International Conference on Computing, Communication Control and Automation, ICCUBEA 2018*, (pp. 1-6). IEEE.

Smuha, N. A. (2019). The eu approach to ethics guidelines for trustworthy artificial intelligence. *Computer Law Review International*, 20(4), pp. 97-106.

S.Schwartz, M. (2002). A code of ethics for Corporate Code of Ethics. *Journal of Business Ethics*, 41:27-43.

Sweetser, P. y Wiles, J. (2002). Current AI in Games: A review. *Australian Journal of Intelligent Information Processing Systems*, 8(1), pp. 24-42.

Symons, J. y Alvarado, R. (2016). Can we trust big data? Applying philosophy of science to software. *Big Data & Society*, 3(2), 2053951716664747.

Van De Poel, I. y Royakkers, L. (2007). The ethical cycle. *Journal of Business Ethics*, 71(1), pp. 1-13.

Viner, J. (1949). Bentham and J. S. Mill: The Utilitarian Background. *American Economic Association*, 39(2), pp. 360-382.

Wang, H., Liu, N., Yy., Z., y et al. (2020). Deep reinforcement learning: a survey. *Front Inform Technol Electron Eng*, 21, 1726-1744.

Wang, P. (2019). On defining artificial intelligence. *Journal of Artificial General Intelligence*, 10(2), pp. 1-37.

West, A. G., Aviv, A. J., Chang, J., and Lee, I. (2010). Spam mitigation using spatio-temporal reputations from blacklist history. *Proceedings - Annual Computer Security Applications Conference, ACSAC*, pp. 161-170.

Whitehead, A. N. y Russell, B. A. W. (1927). *Principia mathematica*; 2nd ed. Cambridge Univ. Press.

Xiu, L. (2019). Time moore: Exploiting moore's law from the perspective of time. *IEEE Solid-State Circuits Magazine*, 11(1), pp. 39-55.

Yasnitsky, L. N. (2019). Whether Be New "Winter" of Artificial Intelligence? *In International Conference on Integrated Science*, volume 2, pp. 13-17.

Yu, K.-H., Beam, A. L., y Kohane, I. S. (2018). Artificial intelligence in healthcare. *Nature biomedical engineering*, 2(10), pp. 719-731.

Yu, K.-H., Zhang, C., Berry, G. J., Altman, R. B., Ré, C., Rubin, D. L., y Snyder, M. (2016). Predicting non-small cell lung cancer prognosis by fully automated microscopic pathology image features. *Nature communications*, 7(1), pp. 1-10.

Zagalsky, A., Feliciano, J., Storey, M.-A., Zhao, Y., y Wang, W. (2015). The emergence of github as a collaborative platform for education. In *Proceedings of the 18th ACM Conference on Computer Supported Cooperative Work & Social Computing*, pp. 1906-1917. ACM.

Zhong, R. Y. and Huang, G. Q. Shufflin lan, Q. Y. Dai, Xu Chen, y T. Zhang. (2015). A big data approach for logistics trajectory discovery from RFID-enabled production data. *International Journal of Production Economics*, 165, pp. 260-272.

Capítulo 2

IA como simulación del razonamiento y sus límites

Ana Laura Fonseca Patrón y Karen González Fernández

"A theory of problem solving expressed as a computer program permits simulation of thinking processes".
Allan Newell y Herbert A. Simon (1961)

Introducción

El término "inteligencia artificial" (IA) es tan popular como desconocido; desconocido en tanto que no es nada claro exactamente a qué se refiere o quizás, mejor dicho, porque se refiere a muchas cosas distintas. De alguna manera, en fechas recientes se ha convertido en una forma popular de nombrar a diferentes desarrollos dentro de las ciencias computacionales y sus implementaciones en diversos campos muy especializados y de la vida cotidiana por igual. Así, parecen caber dentro de este término tanto los proyectos de sistemas expertos, como de aprendizaje profundo, aprendizaje de máquinas, procesamiento natural del lenguaje, etc.

En términos generales y, como veremos, apelando a sus orígenes se puede decir que la IA es "el estudio de cómo construir o programar computadoras para permitirles hacer lo que las mentes pueden hacer"[1] (Boden 1996, p. xv). Sin embargo, esta manera de entender la IA, por un lado, puede querer decir muchas cosas; qui-

---

1. "the study of how to build or program computers to enable them to do what minds can do". En todos los casos, la traducción es nuestra.

zás las más conocidas son la generación de dispositivos que asisten o sustituyen labores usualmente realizadas por humanos. Y por otro lado, parece ya no ser tan claro que los seres humanos podemos llevar a cabo la cantidad y el tipo de procesamiento de información que llevan a cabo los sistemas computacionales asociados con la IA hoy en día. Por ello, incluso se ha llegado a cuestionar el llamar "inteligencia" a esos sistemas[2]. En este trabajo llamamos la atención hacia un aspecto muy importante en el surgimiento y en el desarrollo de la IA: la idea de que la simulación computacional es una herramienta para estudiar y formular teorías sobre diversos procesos de la cognición humana; de manera importante el razonamiento, pero no solo, también la percepción o la memoria. Consideramos que explicar esta idea ayuda a entender porqué se le ha nombrado así y también a reflexionar sobre su estado actual y posibilidades de futuro desarrollo. En este capítulo nos centraremos en mostrar las interconexiones que hubo entre el desarrollo de la IA y el surgimiento de los estudios de la cognición en su sentido contemporáneo. Para ello analizaremos ideas relevantes desarrolladas por Herbert A. Simon (1916-2001), quien fuera uno de los principales promotores tanto del estudio de la IA como de su importancia para la comprensión de la cognición humana. Comenzaremos con una exposición sucinta de lo que significó el surgimiento de la IA para los estudios de cognición humana y cómo esto constituyó una motivación para el desarrollo de esta disciplina; particularmente, hacemos ver un supuesto metodológico que es clave para entender la relación entre IA y razonamiento, si bien ese supuesto actualmente ya no es fácilmente sostenible. Posterior-

---

2. Entre las múltiples voces que cuestionan lo que significa "inteligencia" en el uso contemporáneo del término "inteligencia artificial" podemos encontrar a Luc (2019), Marcos (2020), Larson (2021), Floridi (2023), y Bertolaso y Marcos (2023); por mencionar solo a algunos.

mente, presentamos un par de programas que pretendían emular los procesos psicológicos involucrados en los descubrimientos científicos; estos programas son un ejemplo de cómo se implementaron las ideas acerca de la cognición humana en el campo de la IA a partir del supuesto presentado y de cómo, en realidad, ambos campos –los estudios de la cognición y la IA– tuvieron un inicio compartido y cómo se fueron entretejiendo ideas de ambos. Finalmente, presentamos una reflexión para el futuro derivada de esta parte de la historia de la IA.

1. La revolución del procesamiento de información: IA y cognición humana[3]

Las ciencias cognitivas surgen durante el siglo pasado y se establecen entre los años sesentas y setentas como el estudio científico de la mente humana. Cumplir con esta pretensión requería entender el objeto de estudio de una manera tal que pudiera abordarse a partir de algún modelo explicativo claramente identificable como científico. La teoría computacional de la mente (TCM) permitió pensar que el mismo tipo de teoría científica podría explicar los procesos mentales y los procesos implementados en artefactos "similares a la mente", como las computadoras digitales. Esta teoría está compuesta por una noción técnica de cómputo que se generó a principios del siglo XX y por una teoría de las representaciones mentales. La conjunción de ambas ideas hizo posible lo que Simon llamó "la revolución del procesamiento de información" (1979, p.

---

3. Algunos párrafos de la siguiente sección han sido tomados de diversas partes de Fonseca (2019). Se trata de partes que explican ideas filosóficas en un sentido bastante estándar que sirven de contexto, pero la argumentación a la que sirven esas ideas en este trabajo es distinta a la presentada en la obra original y por tanto, no afecta a la originalidad del presente texto.

ix) en la psicología cognitiva y que tiene quizás, su mayor expresión en la hipótesis del sistema físico de símbolos que veremos un poco más adelante.

La teoría de las representaciones mentales planteaba que el contenido semántico de los estados mentales podía ser manipulable formalmente de tal manera que fuera posible hablar de relaciones causales entre el contenido de los estados mentales, los procesos cognitivos y en última instancia, la conducta. Con el desarrollo de las computadoras digitales y la observación de que los programas pueden correrse en diferentes configuraciones de hardware se generalizó la idea de que era viable entender los procesos mentales como programas computacionales. Se desarrolló una visión funcionalista de la mente al considerar que aquello que nos ayuda a entender cómo se lleva a cabo el comportamiento inteligente es el rol funcional de los estados mentales y no el sustrato material en el cual estos están implementados (Putnam, 1967). De conformidad con este funcionalismo, se extendió la metáfora de que la mente es como una computadora. Esta metáfora se conrtió en una guía explicativa de los fenómenos cognitivos y se generalizó hasta establecerse como el fundamento de la vertiente estándar de estudios sobre la cognición humana durante varais décadas del siglo XX. Esta manera de enfocar el estudio de la mente requiere la abstracción de algunos aspectos relevantes para la explicación de la conducta, tales como las motivaciones, las emociones y la interacción social. Todos estos aspectos originalmente pretendían ser estudiados, pero era difícil abordarlos desde los términos funcionalistas que se centraban por un lado, en una noción de razonamiento como procesamiento de información y por otro lado, en el análisis de la acción individual, y no en la corporalidad y la actividad social. De esta forma, el estudio de la cognición se centró en la percepción, el lenguaje, la memoria y la solución de problemas desde una perspectiva funcionalista e individualista (Boden, 2006, pp. 1-14).

Por supuesto, la exclusión de estos factores ha erosionado la viabilidad de la metáfora; el surgimiento y actual auge de las vertientes situadas, corporizadas, extendidas, enactivas, etc. de la cognición da cuenta de esa erosión. Hacia el final del capítulo retomamos esta idea que resulta central para entender el distanciamiento de la "inteligencia" artificial de la "inteligencia" humana. Pero resulta conveniente, presentar algunos de los planteamientos téorico filosóficos que históricamente generaron la idea de la IA como simulación o representación de la inteligencia humana.

La TCM se basa en la semejanza que puede observarse entre una computadora digital y la mente. En términos generales la TCM afirma que el cerebro es un tipo de computadora y que los procesos cognitivos son cómputos. La TCM va más allá de señalar una cierta semejanza; más bien se ha sostenido que entender al cerebro como una computadora permite explicar su funcionamiento[4]. Particularmente, Simon fue un activo promotor del supuesto metodológico de que la programación computacional puede expresar teorías acerca de los procesos cognitivos humanos (Simon, 1979, pp. ix-xiii). El epígrafe de este trabajo es una muestra de ese supuesto para el caso particular del razonamiento humano, como veremos más adelante. Desde esta perspectiva, generar programas computacionales que simulen el comportamiento humano en tareas específicas ha sido una herramienta relevante para formular explicaciones sobre los procesos cognitivos. La idea de que la mente es una computadora ha servido al mismo tiempo como una herramienta para modelar procesos cognitivos, y como un su-

---

4. La TCM planteada por Putnam afirma que la mente es una computadora y no una posición que podríamos llamar "más débil" o metafórica, como afirmar que diversos rasgos de la cognición pueden ser modelados usando técnicas computacionales (Horst, 2011). Hendriks-Jansen (1996) también distingue diversas formas en la que las computadoras o técnicas computacionales pueden usarse para entender fenómenos mentales.

puesto teórico fundamental para estudiar la cognición. La TCM está compuesta por dos ideas fundamentales: la noción técnica de cómputo y la noción de representación mental.

La noción técnica de cómputo proviene, por una parte, del proyecto formalista que tuvo lugar en matemáticas a finales del siglo XIX. Este proyecto sostenía que todos los enunciados de la lógica y de la matemática podían ser derivados mediante la pura aplicación de reglas formales de transformación e inferencia; es decir solo por su sintaxis y no por su semántica. Después de que Kurt Gödel probara el teorema de la incompletud en 1931, quedó abierta la pregunta de cómo distinguir los enunciados de la matemática que no pueden ser probados; es decir, se buscaba un método preciso y definible para saber si existía, en principio, una prueba para cualquier aserción matemática (Boden, 2006, p. 174).

Por su parte, aparentemente sin conocimiento del teorema de Gödel, en 1936 Alan Turing propone que un enunciado es "decidible" si existe un método definido para computarlo. Define con precisión el significado de "computabilidad" como susceptible de ser calculado mediante medios mecánicos finitos; es decir, mediante un algoritmo. Turing definió "computabilidad" a través de la formulación de una máquina abstracta que fue llamada por Alonzo Church como "máquina de Turing" (Church, 1937). La máquina consiste en un escáner y una cinta ilimitada dividida en cuadros. El escáner cuenta con mecanismos que le permiten imprimir y borrar símbolos en la cinta y también moverse a través de ella a la derecha o a la izquierda. Cada vez que el escáner se mueve queda en un cuadro de la cinta, de manera que solo puede estar en un cuadro a la vez. El escáner cuenta con un dispositivo que puede tomar cierto número de estados. Dependiendo del estado que el escáner lee en cada cuadro de la cinta, lleva a cabo una operación de acuerdo con una tabla de instrucciones del tipo: "Si estás en el estado a, y el cuadro que estás escaneando está en blanco, imprime

0 en el cuadro, muévete un cuadro a la derecha y pasa al estado b."
(Copeland, 2004, pp. 5-32). A pesar de no especificar el mecanismo preciso mediante el cual se llevarían a cabo las instrucciones, esta máquina puede realizar, en abstracto, cualquier operación que realice una computadora real, lo que se conoce como una máquina universal. En realidad, no se trataba de una máquina como tal, sino de lo que hoy llamaríamos un programa computacional. Es decir, se contaba con las instrucciones, pero no había en ese momento referencias explícitas a su implementación material. Sin embargo, este paso fue muy importante para el desarrollo de las ciencias cognitivas porque permitió hacer una diferencia entre el software y el hardware y con esto, sostener la idea de que aquello que importa para caracterizar el comportamiento inteligente son las funciones y no el sustrato material del que está hecho el hardware.

La división entre software y hardware permitió articular de manera precisa una tesis funcionalista de la mente. Dicha tesis sostiene que "aquello que hace que algo sea un estado mental de un tipo particular, no depende de su constitución interna sino más bien de su función o del papel que desempeña en el sistema del que es parte"[5] (Levin, 2013). De manera que los estados mentales, considerados estados funcionales, pueden especificarse como las relaciones causales que los producen; es decir, a partir de las respuestas que se obtienen cuando se presentan determinados insumos. Se asume que esto sucede similarmente a la forma en que la máquina de Turing (el programa) pasa del estado 'a' al estado 'b', si se cumplen las condiciones especificadas. A partir de esta propuesta se comenzó a esparcir la idea de que una máquina que opera en

---

5. "what makes something a mental state of a particular type does not depend on its internal constitution, but rather on the way it functions, or the ·role it plays, in the system of which it is a part."

esta forma estaría llevando a cabo el mismo tipo de procesamiento de información que los humanos y que, por tanto, todo proceso cognitivo puede ser explicado si se especifica el procesamiento de información realizado. De manera que la cognición, desde esta perspectiva, se puede comprender estudiando solo procesos internos del individuo. Sin embargo, para completar la idea de que la mente es una computadora y los modelos computacionales son explicaciones de la cognición y de la conducta humanas hace falta explicar cómo es que los símbolos manipulados formalmente se corresponden con el contenido de la mente.

1.1. *Teoría computacional de la mente e IA*

La TCM utiliza la noción técnica de cómputo para establecer la semejanza entre la mente y la computadora. Es mediante la formulación de "representaciones mentales" que se puede concretar esa semejanza, más allá de la idea intuitiva de que la mente lleva a cabo procesamiento de información. La teoría representacional de la mente es bastante antigua; pero en términos contemporáneos afirma que los procesos mentales –como el pensamiento, el razonamiento y la imaginación– son secuencias de estados mentales. Esos estados mentales son intencionales en la medida en que se refieren a cosas y pueden ser evaluados respecto de ciertas propiedades como consistencia, verdad, adecuación o precisión. Los estados mentales intencionales –como creer, pensar o desear– son relaciones entre representaciones mentales. Mediante las propiedades semánticas de las representaciones mentales se explica la intencionalidad de los estados mentales. Típicamente, las propiedades semánticas de las representaciones mentales se expresan proposicionalmente. Así, el deseo de que llueva, el temor de que llueva y el pensamiento de que está lloviendo, involucran diferentes relaciones con la misma representación mental. Es decir, en última instancia, "los pensamientos (actitudes proposicionales) son relaciones entre las personas y las representaciones mentales que toman el lugar de las cosas del mundo (sus propiedades semánticas)"[6] (Chemero, 2009, p. 20).

Como explica Antony Chemero, cualquier teoría en la cual la cognición involucra entidades internas evaluables semánticamente es una variedad de la teoría representacional de la mente. Distintas teorías de representación mental difieren en cómo se caracterizan las representaciones mentales y en la manera en que las representaciones mentales son empleadas en la cognición; es decir, difieren en cómo se entiende que se lleva a cabo el cómputo mental. En la TCM el cómputo es, como vimos en el apartado anterior, la manipulación formal de símbolos y los símbolos empleados corresponden a las representaciones mentales (Chemero, 2009, p. 20-22).

Para incorporar el contenido de los estados mentales dentro de una explicación de los procesos mentales entendidos como cómputos seriados, se requiere que ese contenido se presente de forma simbólica. Solo así pueden ser manipulados formalmente como lo requiere la noción técnica de cómputo antes expuesta. Dentro de la teoría representacional de la mente, las propiedades semánticas de las representaciones mentales pueden ser expresadas proposicionalmente y, por tanto, traducidas a un lenguaje formal, puramente sintáctico. De manera que las transiciones entre estados mentales pueden ser explicadas como operaciones computacionales llevadas a cabo entre representaciones. De esta manera, la teoría representacional de la mente permite que los procesos mentales sean caracterizados sintácticamente y puedan ser implementados computacionalmente. Al mismo tiempo, su implementación computacional

---

6. "So thoughts (propositional attitudes) are relations between people and mental representations that stand for things in the world (their semantic properties)".

permite explicar cómo los procesos mentales pueden ser coherentes semánticamente; porque permite dar una explicación causal de la sucesión de estados mentales mediante reglas formales aplicadas a la transcripción sintáctica de las propiedades semánticas de las representaciones mentales. Así, la TCM fue muy relevante para el estudio de diversos fenómenos considerados como típicamente cognitivos; entre ellos y de manera prototípica, el razonamiento entendido como la solución de problemas. Herbert A. Simon y Allan Newell fueron personajes clave en la generación y propagación de la idea de que un marco computacional podía proveer una teoría científica genuina de los fenómenos mentales. Su trabajo fue reconocido por promover

la idea de que la cognición humana puede describirse en términos de sistemas simbólicos, haber desarrollado teorías detalladas para la solución humana de problemas, el aprendizaje verbal y el comportamiento inductivo en tareas de distintos dominios usando programas computacionales, dando cuerpo a esas teorías para simular el comportamiento humano[7] (Newell y Simon, 1976, p. 113).

Es interesante notar cómo esta manera de asociar el contenido mental con el contenido proposicional (y el razonamiento) es bastante conveniente para dar una explicación que pueda decirse "científica" de la cognición si partimos de los supuestos filosóficos heredados del positivismo lógico que entendía el análisis de las teorías científicas como el análisis de las relaciones lógicas entre los enunciados que la componen. De aquí la relevancia de poder caracterizar en téminos exclusivamente simbólicos los procesos cognitivos y, de manera sobresaliente, el razonamiento.

7. "the idea that human cognition can be described in terms of a symbol system, and they have developed detailed theories for human problem solving, verbal learning and inductive behavior in a number of task domains, using computer programs embodying these theories to simulate the human behavior".

Dos hipótesis fueron de particular importancia para sostener la idea de que la cognición y en particular el razonamiento y la solución de problemas, pueden describirse en términos simbólicos: la hipótesis del sistema físico de símbolos y la hipótesis de búsqueda heurística. Aunque se trata de hipótesis independientes, como veremos, están relacionadas.

a) La hipótesis del sistema físico de símbolos

La hipótesis del sistema físico de símbolos establece que "un sistema físico de símbolos tiene los medios necesarios y suficientes para la acción inteligente general"[8] (Newell y Simon, 1976, p. 116). Por inteligencia general se entiende la habilidad de alcanzar fines determinados enfrentando variaciones, dificultades y complejización del ambiente de la tarea. La hipótesis afirma que es posible probar mediante análisis que cualquier sistema físico que exhiba inteligencia general es un sistema físico de símbolos y que cualquier sistema físico de símbolos puede llevar a cabo acciones inteligentes. Un sistema físico de símbolos es cualquier procesador de información que es capaz de recibir insumos y dar resultados, modificar estructuras simbólicas y realizar acciones como respuesta a esos símbolos (1990, p. 3).

Esta hipótesis no solo sostiene la idea de que el sistema físico de símbolos es la mejor manera de explicar el comportamiento inteligente humano, sino la afirmación más fuerte de que "[l]as teorías simbólicas afirman que también hay estructuras simbólicas (esencialmente patrones cambiantes de neuronas y relaciones neuronales) en el cerebro humano que tienen una relación uno a uno con las estructuras simbólicas en el programa

---

8. "A physical symbol system has the necessary and sufficient means for general intelligent action".

correspondiente"[9] (Vera y Simon, 1993, p. 120). Si bien la tesis de Simon puede ser vista como una tesis funcionalista a partir de la cual se pretende simular el comportamiento inteligente humano en sistemas artificiales, es importante recalcar que, como se aprecia en la cita, su postura es más fuerte al señalar una relación isomórfica entre los programas computacionales y los patrones neuronales que estaban en la base de los procesos cognitivos humanos, a pesar de que aún no se tuviera una descripción precisa de esa relación.

Un sistema físico de símbolos es una instancia de una máquina universal de Turing (Newell y Simon, 1976, p. 117). Dicho sistema está construido a partir de un conjunto de elementos llamados símbolos y un conjunto de relaciones. Las estructuras de símbolos son patrones. En el caso de las computadoras, típicamente son patrones electromagnéticos; mientras que se desconoce qué tipo de patrones son en el caso del cerebro. Sin embargo, en ambos casos, su naturaleza física se toma como irrelevante para el papel que esas estructuras desempeñan en el comportamiento. Por ejemplo, en el caso de las computadoras la primera generación empleaba bulbos; la segunda, transistores; y la tercera, circuitos integrados. Aún así, en las tres generaciones se trata de patrones electromagnéticos. En el conjunto de relaciones se encuentran la memoria y un conjunto de procesos de información.

Los seres humanos, de acuerdo con la hipótesis, deben ser considerados como sistemas físicos de símbolo en la medida en que son sistemas físicos que exhiben comportamiento inteligente. Esta hipótesis es, para Newell y Simon empíricamente verificable; se

---

9. "[t]he symbolic theories assert that there are also symbols structures (essentially changing patterns of neurons and neuronal relations) in the human brain that have a one-to-one relation to the symbolic structures in the corresponding program".

puede encontrar evidencia en la IA cuando se trata de inteligencia en máquinas y en la psicología cognitiva, cuando se trata de inteligencia en el ser humano (Newell y Simon, 1976, p. 118).

b) *La hipótesis de la búsqueda heurística*

Una característica de los sistemas físicos de símbolos es que solo tienen capacidad para resolver cierto tipo de problemas, tanto por limitaciones lógicas como por los límites que imponen la velocidad de los cálculos y el tamaño de las memorias de los sistemas. Siendo estas últimas limitaciones las más relevantes para Simon y a partir de las cuales

"derivamos una de las más importantes leyes de estructura cualitativa que se aplican a un sistema físico de símbolos, computadoras y cerebro humano incluidos: Debido a los límites en el poder y la rapidez de sus cómputos, los sistemas inteligentes deben usar métodos aproximados para manejar la mayoría de las tareas"[10] (Simon, 1990, p. 6).

Estos métodos aproximados son los que nos permiten resolver diversos tipos de tareas complejas. Entre esos métodos se encuentran los que Simon denomina "procesos de búsqueda heurística".

Más que tener un interés en la sola generación de programas computacionales, Simon consideraba que de alguna manera los programas "capturaban" los procesos psicológicos llevados a cabo en la realización de las tareas que eran realizadas por los programas. Es decir, sostenía el supuesto metodológico que hemos mencionado de que los programas eran teorías explicativas de los procesos cognitivos. Para que los problemas computacionales

---

10. "we derive one of the most important laws of qualitative structure applying to physical symbol systems, computers and the human brain included: Because of the limits on their computing speeds and power, intelligent systems must use approximate methods to handle most tasks".

ejecutaran tareas que al ser llevadas a cabo por personas fueran consideradas conducta inteligente se requería tener por lo menos alguna hipótesis de la manera en que razonamos las personas. Por ello, para Simon resultaba crucial el estudio psicológico de lo que llamaba "invarianzas" del razonamiento humano.

Uno de los objetivos concretos del estudio de invariancias en el razonamiento humano es encontrar los procesos con los cuales enfrentamos problemas complejos. Para Simon, los límites en la velocidad y poder de cómputo son invariancias importantes de la cognición humana. Entre las estrategias que nos ayudan a enfrentar problemas complejos, dadas nuestras invariancias psicológicas, se encuentran los procesos de "búsqueda por reconocimiento", los procesos de "inducción de patrones secuenciales" y los procesos de "búsqueda heurística" (1990, p. 9). Aunque para Simon estos tres tipos de procesos psicológicos son igualmente importantes en la comprensión del razonamiento humano, de entre ellos, los de búsqueda heurística han sido más renombrados. Quizás debido a que, como afirma Simon, en el campo de la IA generalmente se ha descrito el pensamiento humano como una búsqueda heurística (p. 12).

Nuestro comportamiento depende de nuestro conocimiento y de las estrategias que tenemos, las cuales son adquiridas mediante la práctica y son identificadas cuando se cuenta con cierto grado de pericia. En ese sentido señala Simon que "una teoría basada sólo en los requerimientos de la tarea no puede decirnos cómo el comportamiento depende del conocimiento de las pistas o estrategias relevantes"[11] (p. 11). Simon parte de la hipótesis del sistema físico de símbolos y la toma como unidad de análisis de los procesos psicológicos. Esto supone que los procesos de razonamiento

---

11. "A theory based only on task requirements could not tell us how behavior depends on knowledge of relevant cues or strategies".

pueden descomponerse en términos de estructuras simbólicas que pueden entenderse como unidades claramente definidas; es decir, estructuras generadas a partir de símbolos atómicos implementables computacionalmente. De esta forma, su intento por encontrar esos procesos psicológicos aproximados mediante los cuales resolvemos problemas es la búsqueda de modelos de decisión formalizables.

La evidencia empírica a favor de que un sistema físico de símbolos es suficiente para describir acciones inteligentes proviene, para Simon, de la IA; campo en el que se habían generado ya, hacia 1975, gran cantidad de programas considerados capaces de mostrar inteligencia en alguna medida. La metodología que para ello se siguió en la IA de acuerdo con Newell y Simon fue "identificar el dominio de una tarea que exija inteligencia; después construir un programa para una computadora digital que pueda llevar a cabo tareas en dicho dominio"[12] (pp. 118-119). La mayoría de los programas tenían un dominio de tareas o problemas bien estructurados; es decir, aquellos que pueden formularse explícita y cuantitativamente, y que pueden resolverse mediante técnicas computacionales[13], como acertijos o juegos. A pesar de ello, los autores los consideran evidencia suficiente a favor de su hipótesis y se mostraban optimistas de ir generando programas que exhibieran inteligencia en tareas cada vez más complejas. Esta era al menos una de las promesas del desarrollo de la IA. Como se puede ver, el desarrollo de programas y el estudio de los procesos cognitivos estaban fuertemente interrelacionados. En la siguiente sección presentamos un par de ejemplos de estos programas: GLAUBER

---

12. "identify a task domain calling for intelligence; then construct a program for a digital computer that can handle tasks in that domain".

13. En oposición se entiende que un problema mal estructurado es aquel que no cumple con una de las tres características mencionadas.

y BACON. Estos programas estaban dirigidos a simular y, por lo dicho hasta aquí, a explicar los procesos de descubrimiento en la ciencia.

Antes de presentar dichos programas es importante señalar que la búsqueda heurística es importante dentro del esquema explicativo de Simon porque la solución de problemas es tradicionalmente considerada como uno de los principales indicadores de inteligencia. Hacia 1975, Simon reconoce que los programas generados aún no lograban alcanzar niveles humanos; pero se muestra optimista de que la IA los alcanzará en el futuro.

2. Los programas computacionales que emulan el descubrimiento científico

Hasta ahora, hemos mostrado que el trabajo de Simon sostiene el supuesto metodológico de que un programa computacional puede ser una teoría explicativa de los procesos de razonamiento inteligente en humanos. También hemos mencionado cómo ese supuesto empata muy bien con algunos supuestos e ideas heredades del positivismo lógico. Por supuesto, desde una perspectiva tal, uno de los mayores campos por explicar sería el razonamiento científico y de manera particular, los esquivos procesos de descubrimiento científico que, desde la visión heredada, parecían escapar a toda explicación o lógica. Desde el marco que hemos presentado, no resultará extraño que Simon enfocara sus esfuerzos en tratar de generar sistemas computacionales que simularan y explicaran los procesos de descubrimiento científicos. Por ello, nos ha parecido que estos son ejemplos en los cuales se puede ver con claridad las interrelaciones entre el surgimiento de las ciencias cognitivas y en particular de la psicología cognitiva y el desarrollo de la IA.

Un proyecto que generaba implicaciones importantes en el ámbito científico era el del desarrollo de programas computacionales para tratar de "emular" descubrimientos científicos, y eventualmente se esperaba que pudieran "encontrarse" nuevos descubrimientos con estas herramientas. Esto no debe entenderse como un proyecto general, sino más bien, como la "idea" a partir de la cual, diversos investigadores desarrollan sus propias propuestas al respecto. Al momento en que nos encontramos, el desarrollo de este tipo de programas cuenta ya con su propia historia que sería interesante analizar, pero para la que no es este el lugar adecuado[14]. Solo mencionaremos que alrededor de la época de Simon, otros proyectos importantes al respecto fueron los programas desarrollados por Greiner y Lenat (1980) llamados AM y EURIS-KO. Sin embargo, dado que el marco conductor de este artículo es el pensamiento de Herbert Simon, nos concentraremos ahora en presentar de manera muy general, los programas desarrollados por su equipo, conformado principalmente por los investigadores Pat Langley, Gary Bradshaw y Jan Zitkow, quienes desarrollaron los programas llamados GLAUBER y BACON. La presentación y resultados de estos programas se encuentran en diversos artículos y libros; siendo uno de los más relevantes *Scientific Discovery, Computational Explorations of the Creative Processes*, de 1987. Sin embargo, para la presentación que hacemos en este capítulo, nos basamos, principalmente, en el artículo de 1988, de Simon y Zi-

14. Alai, 2004, presenta el estado de la cuestión para el año en que publica su artículo y manifiesta varias críticas al respecto. Para programas computacionales sobre descubrimiento en Matemáticas puede consultarse el artículo de Colton (2007). Dzeroski y Todorovski (eds.) (2007) presentan algunos de los programas de descubrimiento científico que se han desarrollado en general hasta ese momento. Un artículo en el que se vincula el conocimiento científico computacional con las teorías de las ciencias cognitivas es el de Addis, et.al. (2016).

tkow, titulado "Sistemas normativos de descubrimiento y lógica de la búsqueda".

2.1. *Los programas GLAUBER y BACON*[15]

Los programas GLAUBER y BACON pretenden emular procesos de descubrimiento científico. Ambos programas buscan formar conceptos y encontrar regularidades empíricas, sólo que GLAUBER trabaja con datos cualitativos, en el ámbito de la química, mientras que BACON lo hace con datos cuantitativos, dirigido a las leyes de la física.

El funcionamiento del programa GLAUBER es descrito por Simon y Zytkow así:

> Los datos utilizados por GLAUBER [...] consisten en un conjunto de hechos observacionales cualitativos, como "ácido clorhídrico con sabor amargo" y "el ácido clorhídrico se combina con hidróxido de sodio para formar cloruro de sodio". Los datos de entrada en GLAUBER se representan como listas que empiezan con un predicado seguido por listas de *atributo-valor*.[16] (Simon y Zytkow, 1988, p. 67).

En el caso del cloruro de sodio, el predicado es "reacciona" y los datos de entrada son el "ácido clorhídrico" y el "hidróxido de sodio".

---

15. La siguiente sección está tomada del apartado 4.1 del capítulo 4 de la tesis de doctorado de González Fernández, K., (2019). Todas las traducciones son de K. González, excepto la del artículo de Simon (2001).

16. "The data utilized by GLAUBER [...] consist of a set of qualitative observational facts, such as "hydrochloric acid tastes sour" and "hydrochloric acid combines with sodium hydroxide to form sodium chloryde". Facts inputted to GLAUBER are represented as lists beginning with a predicate followed by a number of *attribute value* lists".

GLAUBER acepta conjuntos de hechos y busca hechos que tengan el mismo predicado, el mismo atributo, y el mismo valor para ese atributo. Cuando una colección de hechos es descubierta, GLAUBER crea una clase (o clases) de valores que difieren en estos hechos y un patrón que se establece de la misma manera que los hechos originales, excepto en que los diferentes valores son reemplazados por nombres de clases (...) Clases idénticas o muy similares son creadas para los diferentes patrones. El sistema compara clases y combina aquellas que tienen un alto porcentaje de elementos en común. Al mismo tiempo, ambos conjuntos de patrones se asocian con la clase combinada. Por ejemplo, habiendo generado la clase de las substancias que se prueban por el sabor, GLAUBER nota que cada miembro de esta clase también tiene un patrón asociado con la clase "reacción NaOH", y viceversa. Como resultado, los miembros de estas dos clases se combinan en una nueva clase. Esta clase se asocia con los dos patrones, uno que tiene que ver con el sabor y el otro con las reacciones NaOH. (...) Dado que los patrones se generan de la misma manera como los hechos iniciales, GLAUBER puede aplicar su método de abstracción recursivamente a los patrones que se van obteniendo. De esta manera puede llegar a un patrón más general. (...) Después de que la siguiente ronda de obtención de patrones se completa, el sistema otra vez compara y combina clases y patrones[17] (Simon y Zytkow, 1988, pp. 67-68).

17. "GLAUBER accepts such a set of facts and searches for facts that have the same predicate, the same attribute, and the same value for this attribute. When such a collection of facts is discovered, GLAUBER creates a class (or classes) of values that differ in these facts and a pattern which is stated in the same manner as the original facts, save that differing values are replaced by class names.
(...) Identical or very similar classes may be created for different patterns. The system compares classes and combines those that have a high percentage of elements in common. At the same time, both sets of patterns are associated with the combined class. For example, having also generated the class of sour-tasting substances GLAUBER notes that every member of the sour-tasting class also fits the pattern associated with the Na-OH reactig class (and vice versa). As a result, the members of sour-tasters and NaOH-reactors are combined into a

Por otra parte, Simon y Zitkow describen el funcionamiento del programa BACON de la siguiente manera:

BACON (...) hace descubrimientos por inducción en cuerpos de datos. Se ocupa principalmente de conceptos numéricos (variables). Dado un conjunto de variables independientes y una variable dependiente, BACON cambia una de las variables independientes, manteniendo fijos los valores de todas las otras variables independientes. Registra los valores correspondientes de la variable dependiente y busca una función que relacione las distintas variables independientes con la variable dependiente. Una vez que esa función es encontrada, BACON da los parámetros de la función en los que la variable dependiente está hasta el nivel más alto del árbol de búsqueda. En el nivel más alto, el sistema toma la siguiente variable independiente y trata de relacionarla con los nuevos términos dependientes. Este proceso continúa recursivamente hasta que todas las variables independientes se incorporan en una relación cuantitativa[18] (Simon y Zytkow, 1988, p. 66).

new class. This class becomes associated with two patterns, one involving taste and the other summarizing the class of NaOH reactions.
(...) Since patterns are stated in the same forms as the initial facts, GLAUBER can apply its abstraction method recursively to the patterns it already obteined. In this way it may arrive at a more general pattern (...). After the next round of abstracting patterns is completed, the system again compares and combine classes and paterns".
18. "BACON makes discoveries by induction on bodies of data. It deals primarily with numerical concepts (variables). Given a set of independent variables and a dependent variable, BACON varies one independent variable, while fixing the values of all other independent variables. It registers the correspondent values of the dependent variable and it looks for a function that relates the varied independent variable with the dependent variable. Once such a function is found, BACON gives the parameters in that function the status of dependent variables at a higher level of its search tree. At that higher level the system varies the next independent variable and tries to relate it to the new dependent terms. This process continues recursively until all the independent variables are incorporated into a quantitative relationship".

El mismo Simon (2001) explica el funcionamiento de BA-
CON de una manera más sencilla; BACON es "un sistema de
descubrimiento de leyes dirigido por datos" (Simon, 2001, p.
56), y nos da estos ejemplos: A partir de algunos datos obtenidos por
experimentación u observación, BACON trató de encontrar una
ley algebraica que describiera a los datos: "Dados los datos sobre
las masas y temperaturas de dos frasquitos de agua y la temperatura de equilibrio cuando son mezclados, [BACON] llega a la ley de
Black, la cual dice que la temperatura de equilibrio es la media de
las temperaturas de los dos líquidos componentes, ponderados por
sus mismas masas" (Simon, 2001, p. 56).

Además, a BACON se le dieron dos líquidos diferentes mezclados, como agua y alcohol, y BACON pudo determinar que la
temperatura de equilibrio también es una media de las temperaturas de los componentes; pero que los pesos debían obtenerse de
multiplicar las masas por una constante para cada líquido; es decir, BACON también "descubrió" la noción de "calor específico"
de manera independiente al descubrimiento de esta noción que
fue propuesta, primeramente, por Black (Cfr. Simon, 2001, p.56).

Simon y Zytkow explican que con este tipo de procedimientos, BACON "redescubrió" varias leyes de la física y la química de
los siglos XVIII y XIX, como la ley de Ohm; la ley de Boyle; las
leyes de Kepler, la ley de Coulomb, entre otras.

En el artículo de 1988, los mismos Simon y Zytkow señalan
que la presentación del funcionamiento de estos programas ex-
puestos aquí no es la mejor, (resulta más conveniente ir a otros trabajos para comprenderlos mejor); pero es suficiente para mostrar
lo que les interesa: el desarrollo de estos sistemas computacionales
muestra que es posible "traducir" las estrategias de descubrimiento
al nivel requerido para hacer programas de computación.

Así, desde la propuesta de Simon, et. al., tenemos que el "descubrimiento científico" se entiende como un caso de resolución de

problemas, en donde, al tener un problema bien definido y datos con los que trabajar, pueden desarrollarse algoritmos que, mediante el uso de estrategias heurísticas, descubren patrones y, por tanto, logran emular procesos de descubrimiento científico.

2.3. *Los programas GLAUBER Y BACON y el proyecto general de Simon sobre la IA*

Como mencionamos en la sección 1 de este capítulo, las pretensiones de Simon implicaban tratar de desarrollar sistemas computacionales que mostraran "inteligencia" análoga a la de los seres humanos; es decir, que resolvieran el tipo de problemas que resolvemos los seres humanos (por lo menos, cierto tipo de problemas) en este caso, científicos. El desarrollo de programas como GLAUBER y BACON representaba un resultado importante para el proyecto de Simon de buscar una teoría general de la cognición humana, por las siguientes razones:

a) Mostraba una manera de entender los procesos de "descubrimiento científico" como problemas que podían plantearse computacionalmente como "problemas bien definidos" y desde esa perspectiva era posible tratarlos computacionalmente.

b) Fue posible desarrollar el *software* computacional necesario para emular estos procesos de descubrimiento científico, que por ejemplo, algunos filósofos habían considerado imposibles de estudiar con precisión[19].

---

19. Este problema se presenta en filosofía de la ciencia como el de la distinción entre el contexto de descubrimiento vs. el contexto de justificación, terminología propuesta por primera vez por Reichenbach en 1938, y que ha dado lugar a una amplia literatura filosófica posteriormente.

c) Mostraba también que era posible "formalizar", por lo me-
    nos en alguna medida, los procesos de búsqueda heurísti-
    ca; pues GLAUBER y BACON funcionan realizando este
    tipo de procesos.

d) Los programas computacionales pretendían ser considera-
    dos como una "prueba empírica" de que la línea de investi-
    gación que se estaba llevando a cabo era viable y fructífera;
    pues ellos mismos, al poder hacer estas "emulaciones" de
    procesos de descubrimiento otorgaban un resultado espe-
    rado por los investigadores.

Por supuesto, estos logros son factibles solo bajo los supuestos
que hemos presentado en la primera sección. Sin embargo, tanto el
desarrollo de la IA como el de las ciencias cognitivas han tomado
derroteros distintos a los imaginados por Simon en los últimos
años. Tanto el cuestionamiento del supuesto metodológico central
de que los programas computacionales son explicaciones de los
procesos cognitivos como el desarrollo de nuevas técnicas computacionales han traído diversas consecuencias, tanto para proyectos
como el de Simon, como para la comprensión general de lo qué
es la IA desde la perspectiva computacional, la manera en que se
sigue vinculando (o no) con las propuestas sobre psicología humana. Hasta aquí, hemos tratado de mostrar algunas de las ideas que
hicieron posible un desarrollo interrelacionado de la filosofía, las
ciencias cognitivas y de la IA. A continuación, presentamos algunas reflexiones de las interrrelaciones que aún persisten entre filosofía e IA y de cómo podemos ver hoy en día el proyecto de Simon
en relación con el estado actual de las ciencias computacionales.

3. La IA en el siglo XXI. ¿Qué queda del proyecto de Simon?

Como mencionamos al inicio de este capítulo, el proyecto de Simon se enmarcó dentro de lo que se conoce como la "teoría computacional de la mente". Desde esa perspectiva, contribuyó a generar proyectos tanto computacionales como psicológicos que, basados en el "sistema físico de símbolos" y en la "búsqueda heurística", apoyaban la idea general de que eventualmente iba a ser posible construir computadoras que nos permitieran tener una teoría general del razonamiento (y de la cognición) humana. La manera en que Simon pensó en la relación estrecha entre razonamiento e IA ha sido muy influyente, incluso se puede decir que hasta fechas recientes "la mayoría de las personas en IA y campos relacionados, al escuchar la palabra 'razonamiento', imaginan una secuencia de expresiones puramente linguiísticas que siguen las reglas estándares de la inferencia deductiva para lógica elemental bivalente"[20] (Bringsjord y Yang, 2006, p. 117). Lo que hemos presentado debería proveer una noción de por qué se ha extendido esta idea.

Sin embargo, tanto el desarrollo de las ciencias cognitivas en los últimos 50 años, como los avances en las ciencias computacionales han tomado derroteros muy distintos a los previstos por Simon.

Por un lado, las teorías computacionales de la mente han sido muy cuestionadas y han surgido alternativas a las mismas que están demostrando tener mayor potencial explicativo. Por ejemplo, las propuestas conexionistas y dinámicas ofrecen modelos de cognición que ya no consisten (o no solo) en la manipulación al-

---

20. (…) "most people in AI and related fields, upon hearing the word 'reasoning', imagine a sequence of purely linguistic expressions which follow standard rules of deductive inference for elementary two-valued logic."

gorítmica de símbolos discretos; aunque algunas de estas todavía pueden ser compatibles con los modelos TCM. (Cfr. Skidelsky, 2023, pp. XIX y XX). La proliferación de propuestas en los últimos años que se proponen entender a la cognición como "corporeizada", "extendida", "incrustada" o "enactiva", etc. muestran que no es posible entender los procesos cognitivos como fenómenos limitados a procesos que suceden dentro de los cerebros humanos, por lo que las relaciones con el resto del cuerpo y con el entorno adquieren mucha relevancia[21] (Cfr. Skidesky, 2023, p. XX).

Por otro lado, desde el ámbito computacional, han sido muy exitosas otras maneras de realizar la programación asociada a los procesos conocidos actualmente como de IA, de modo que, el día de hoy, cuando se habla de IA se suele pensar en sistemas que realizan procesos de muchos tipos; entre los más conocidos están los "procesos de lenguaje natural" popularizados recientemente por la aparición de los modelos de lenguaje generativo; y el llamado "aprendizaje de máquina" en general, que a su vez, incluye procesos como los de las "redes neuronales". Además, pueden darse muchas combinaciones posibles entre diferentes sistemas.

Desde una perspectiva más amplia, se suele decir que los proyectos de IA pueden dividirse en dos grandes grupos, los llamados "fuertes" *vs.* los "débiles" (Johnson y Picton,1995, p. 2). Los "proyectos fuertes" serían los que buscan generar máquinas que realmente puedan llegar a ejecutar diversas tareas cognitivas de la misma forma que los seres humanos; en cambio, los proyectos "débiles" serían los que solo buscarían resolver algunos problemas "emulando" o "imitando" la acción humana, sin pretender llegar

---

21. Para tener un panorama muy completo de las diversas posiciones contemporáneas en la psicología cognitiva sugerimos consultar el libro de Skidelsky (2023).

a generar una máquina que piense o actúe de manera similar a los humanos. A lo largo de la historia del desarrollo de la IA se ha oscilado entre perseguir un objetivo u otro, dependiendo de diversas circunstancias (Cfr. Tossi, Bottino, Saboury, Siegel y Rahmim, 2021).

Esperamos sea claro, por lo que hemos dicho, sobre todo en la primera sección de este capítulo, que Simon sí estaba buscando tratar de generar un proyecto de IA que podríamos considerar "fuerte"; sin embargo, logros como el de los programas GLAU-BER y BACON deberían inscribirse más bien como resultados que podrían considerarse dentro de los proyectos "débiles". En este sentido, el análisis del proyecto de Simon que hemos presentado aquí nos parece interesante porque a partir de él podemos especificar algunos de los problemas que enfrentamos el día de hoy para tratar de especificar lo que se entiende por IA en general:

- En términos generales, la noción de IA es vaga, porque el significado que se le otorgue va a depender, en buena medida, del marco disciplinar y de los supuestos teóricos con los que se esté trabajando. Como hemos visto con el caso de Simon, él pensaba que tenía suficientes componentes teóricos como para afirmar que era posible llegar a desarrollar máquinas que describieran funcionalmente el razonamiento humano. Con el paso del tiempo, sus planteamientos teóricos han sido cuestionados, y tanto por esos cuestionamientos como por los desarrollos específicos de las ciencias computacionales, se han generado diversos proyectos que pueden relacionar diferentes perspectivas computacionales con diferentes perspectivas de la cognición humana y dependiendo de esas visiones, propondrán o no la posibilidad de generar máquinas que piensen como los humanos.

- Aunque la distinción entre "inteligencia artificial fuerte" e "inteligencia artificial débil" es una distinción que se encuentra actualmente muy difundida en la literatura, el proyecto de Simon nos muestra que no necesariamente será fácil distinguir entre unos proyectos y otros. Simon apuntaba al desarrollo de un "proyecto fuerte" y lo que en realidad logró fueron resultados que podríamos llamar "débiles", pero que no podría haber logrado sin todos los elementos teóricos con los que realizó su investigación.

- La propuesta de Simon también nos muestra que las relaciones entre las propuestas teórico filosóficas, los desarrollos computacionales y los estudios en psicología pueden ser muy profundas; pero también nos muestra que pueden presentarse en grados. De modo que es un trabajo que se ha de realizar casuísticamente o por proyectos. Solo bajo un análisis local y minucioso de las prácticas científicas será posible notar hasta dónde ciertos desarrollos computacionales (como los programas GLAUBER y BACON) han sido posibles gracias a ciertos fundamentos teóricos. Esto es relevante, porque hay también otros desarrollos computacionales en los que encontramos casos semejantes; por ejemplo, el desarrollo de las redes neuronales comenzó con una inspiración de cómo entendíamos los sistemas cognitivos humanos en términos del funcionamiento de las neuronas, pero, al día de hoy, el funcionamiento de los programas computacionales de redes neuronales se ha desarrollado ampliamente, muchas veces sin considerar cómo funcionan las neuronas humanas; de modo que ahora se ha vuelto una discusión interesante en el medio filosófico, cuestionarnos si deberíamos seguir considerando como vinculadas la investigación de redes neuronales en computación a la cognición humana o no. Los investigadores están divididos entre quienes defienden una u otra posición[22]. Siendo esta la situación, la manera de trazar o medir el vínculo entre los desarrollos computacionales y las teorías sobre psicología humana será necesariamente local e histórica.

* Si bien, podría decirse que el proyecto de Simon, en términos generales, no logró llevarse a cabo de la manera en que él lo vislumbró; sí dejó una impronta significativa en múltiples investigaciones y disciplinas que, el día de hoy, siguen usando nociones conceptuales o teóricas más generales propuestas por él, para avanzar en la investigación. Nociones como la de "heurística" o la posibilidad de formalizar computacionalmente algunos procesos de reconocimiento de patrones, por ejemplo, se encuentran todavía, en el centro del trabajo de diferentes investigadores y disciplinas.

Conclusiones

La llamada IA se ha convertido en un símbolo de la primera mitad del siglo XXI; cada vez nos ofrecen más productos y servicios que se sirven de ella, mientras que los organismos internacionales llaman a legislar al respecto y a tenerla en cuenta en nuestras reflexiones éticas a todos los niveles; sin embargo, como hemos visto, tratar de explicar con detalle y precisión qué se entiende por este término es complejo.

Las dificultades asociadas a tratar de "definir" a la IA están relacionadas, por un lado, con su origen histórico, que se relaciona

22. Para conocer las principales propuestas desde la psicología cognitiva al respecto, sugerimos consultar Wajnerman Paz (2023).

con el desarrollo de la computación en general y el uso particular que se le trató de dar a las herramientas computacionales para resolver problemas de manera similar a cómo lo hacen los seres humanos; y por otro, con el desarrollo de las llamadas "ciencias cognitivas" en general y la "psicología cognitiva" en particular. Dada la ubicuidad del término en la actualidad, consideramos que lo mejor no es tratar de eliminarlo o restringirlo a un significado específico, como en algunas ocasiones se ha sugerido (Marcos, 2021). Lo que proponemos, y que hemos tratado de ejemplificar con el caso de Simon, es que, para comprender los alcances de diversos sistemas computacionales es pertinente el estudio histórico de sus motivaciones y de los antecedentes teóricos que le sirven de marco y que, sin duda, estarán relacionados con las expectativas que se tengan de dichos desarrollos computacionales. Creemos que de esta manera podemos lograr una mejor comprensión de los sistemas asociados con la IA y podemos, cuestionarlos, modificarlos o criticarlos según corresponda.

Así, esperamos que este capítulo, por un lado, contribuya a mostrar lo que Herbert Simon, uno de los pioneros de estas discusiones, proponía, para precisamente, comprender mejor cómo surgió la noción de IA, y por otro lado, esperamos haber ejemplificado con este análisis parte del trabajo teórico que ha de ser realizado para entender las motivaciones y alcances de los diversos sistemas computacionales asociados a la IA.

Referencias

Addis, M., Sozou, P.D., Lane, P., y Gobet, F. (2016). Computational Scientific Discovery and Cognitive Science Theories. En V. Müller (ed.), *Computing and Philosophy: Selected Papers from IACAP 2014*. (pp. 83-97). Synthese Library. Springer.

Alai, M. (2004). Scientific Discovery and Realism. *Minds and Machines*, 14, pp. 21-42.

Bertolaso, M. y Marcos, A. (2023). *Umanesimo tecnologico. Una riflessione filosofica sull'intelligenza artificiale*. Carocci Editore.

Boden, M. A. (2006). *Mind as machine: A history of cognitive science. Vol. 1*. Oxford University Press.

Boden, M. A. (ed.) (1996). *Artificial Intelligence, Vol. 14 of 2nd ed., Handbook of Perception and Cognition*. Academic Press.

Bringsjord, S., y Yang, Y. (2006). Human reasoning is heterogeneous–as Jon Barwise informed us. *Journal of Experimental & Theoretical Artificial Intelligence*, 18(2), 117-119. https://doi.org/10.1080/09528130600558075

Colton, S. (2007). Computational Discovery in Pure Mathematics. En Dzeroski, S. y Todorovski, L. (eds.), *Computational Discovery, LNAI 4660*. (pp. 175-201). Springer-Verlag.

Chemero, A. (2009). *Radical Embodied Cognitive Science*, MIT, Cambridge, Mass.

Church, A. (1937). Turing A. M. On computable numbers, with an application to the Entscheidungsproblem. *Proceedings of the London Mathematical Society*, 2 s. vol. 42, pp. 230-265.

Copeland, J. (ed.) (2004). *The Essential Turing: Seminal Writings in Computing, Logic, Philosophy, Artificial Intelligence, and Artificial Life: Plus the Secrets of Enigma*. Oxford University Press.

Dzeroski, S., Langley, P. y Todorovski, L. (2007). Computational Discovery of Scientific Knowledge. En Dzeroski, S. y Todorovski, L. (eds.), *Computational Discovery, LNAI 4660*. (pp. 1-14). Springer-Verlag.

Floridi, L. (2023). AI as Agency Without Intelligence: on ChatGPT, Large Language Models, and Other Generative Models. *Philosophy & Technology*, 36, 15, https://doi.org/10.1007/s13347-023-00621-y

Fonseca, A.L. (2019). *Cognición humana, razonamiento y racionalidad*, Bonilla Artigas-Universidad de Guanajuato.

Greiner, R.D. y Lenat, D. (1980). RLL: A Representation Language Language. *Proc.Of the First Annual NC AI*. Stanford.

González-Fernández, K. (2019). *Relaciones entre Lógica y Heurística: un análisis filosófico de sus alcances y limitaciones*. Tesis de Doctorado. Posgrado en Filosofía de la Ciencia. UNAM.

Hendriks-Janssen, H. (1996). *Catching Our Selves in the Act. Situated Activity, Interactive Emergence, and Human Thought*, The MIT Press.

Horst, S. (2011). The Computational Theory of Mind. *The Stanford Encyclopedia of Philosophy* (Spring 2011 Edition), Edward N. Zalta (ed.), URL = http://plato.stanford.edu/archives/spr2011/entries/computational-mind/

Johnson, J. y Picton, P. (1995). Introduction, en *Mechatronics Volume 2: Concepts in Artificial Intelligence*. (pp. 1- 8). Elsevier Science & Technology.

Levin, J. (2013). Functionalism, *The Stanford Encyclopedia of Philosophy* (Fall 2013 Edition), Edward N. Zalta (ed.), URL = http://plato.stanford.edu/archives/fall2013/entries/functionalism/

Larson, E. J. (2021). *The Myth of Artificial Intelligence: Why Computers Can't Think the Way We Do*. Harvard University Press.

Luc, J. (2019). *L'intelligence artificielle n'existe pas*. Éditions First.

Marcos, A. (2020). Información e Inteligencia Artificial, *Apeiron. Estudios de Filosofía*, 12, pp. 73-82.

Marcos, A. (2021). La inteligencia artificial y el efecto Toy Story. *Proyecto SCIO Red de investigaciones filosóficas José Sanmartín Esplugues*. https://proyectoscio.ucv.es/actualidad/la-inteligencia-artificial-y-el-efecto-toy-story-por-a-marcos/

Newell, A., y Simon, H. A. (1961). Computer simulation of human thinking. *Science*, 134, 2011-2017. https://doi.org/10.1126/science.134.3495.2011

Newell, A., y Simon, H. A. (1976). Computer Science as Empirical Inquiry. Symbols and Search, en *Communications of the ACM*, Vol. 19, No. 3, pp. 113-126.

Putnam, H. (1967). The Nature of Mental States, en *Art, Mind and Religion*, Capitan, W.H. y Merrill, D. D. (eds.), University of Pittsburgh Press.

Reichenbach, H. (1938). *Experience and prediction*. University of Chicago Press.

Russell, S. y Norvig, P. (2004). *Inteligencia Artificial. Un enfoque moderno*. Pearson Education.

Simon, H. A. (1979). *Models of thought*. Yale University Press.

Simon, H. A. (1990) Invariants of Human Behavior. *Annual Review of Psychology*, 41, pp. 1-19.

Simon, H. A. (2001). Teorías computacionales de la cognición. S. García Prado (trad.). *Contrastes, Revista Internacional de Filosofía*, Suplemento VI, pp. 37-61.

Simon, H. y Zytkow, J. (1988). Normative Systems of Discovery and Logic of Search. *Synthese* 74, pp. 65-90.

Skidelsky, L. (2023). *Introducción a las ciencias cognitivas*. Ediciones Uniandes.

Tossi, A., Bottino, A., Saboury, B., Siegel, E., y Rahmim, A. (2021). A Brief History of AI: How to Prevent Another Winter (A Critical Review). *PET Clinics*. Volume 16, Issue 4, pp. 449-469. DOI:https://doi.org/10.1016/j.cpet.2021.07.001

Vera, A. H., y Simon, H. A. (1993). Situated action: Reply to William Clancey. *Cognitive Science*, 17(1), 117-133. https://doi.org/10.1207/s15516709cog1701_8

Wajnerman Paz, A. (2023). Neurociencia cognitiva. En Skidelsky, L. (ed.) *Introducción a las ciencias cognitivas*. (pp. 169-193). Ediciones Uniandes.

Capítulo 3

IA confiable. Una perspectiva ecosistémica para regular la Inteligencia Artificial

Enrique Siqueiros Fernández y José Luis Hernández Sánchez

Introducción

En este artículo exponemos una introducción al problema regulatorio de la Inteligencia Artificial (IA) desde un enfoque ecosistémico, i.e., describimos las principales relaciones de las disciplinas involucradas en el desarrollo, uso y regulación de las nuevas tecnologías de la información y comunicación, siguiendo los tres factores que constituyen una "IA confiable", según las guías éticas de la Unión Europea: ética, legalidad y robustez ingenieril.

Junto a los beneficios civilizatorios de la Revolución informática, el desarrollo y aplicaciones de la llamada inteligencia artificial en gobiernos y negocios, exacervadas por los controles sanitarios de la pandemia, por el capitalismo de riesgo y la cultura Silicon Valley "*Move fast and break things*" (Taplin, 2017), no sólo han traído nuevas y bien conocidas amenazas a los derechos humanos, como la toma de decisiones automatizada (de la discriminación algorítmica y la automatización laboral al armamento autónomo), la lagunas en privacidad y protección de datos, la vigilancia, la manipulación colectiva y la imitación de personas (Carsten, 2021), entre otras, sino que ha agudizado las desigualdades sociales (Burrows y Mueller-Kaler, 2021) y las relaciones de competencia dentro, fuera y entre las organizaciones políticas y empresariales, lo cual, en muchos casos, puede resultar en un entorno económico-digital sistemáticamente agresivo.

En esta introducción a una perspectiva ecosistémica en IA se involucran tres disciplinas fundamentales para el desarrollo y regulación de la tecnología: la ingeniería, la filosofía y el derecho. El protagonismo de dichas disciplinas se respalda en los tres factores que constituyen una IA confiable, según las guías éticas de la Unión Europea: ética, legalidad y robustez técnica (European Commission High-Level Expert Group on AI C. , 2019). ¿Cómo se relacionan? En su libro ¿Qué es la filosofía de la tecnología? Carl Mitcham (1989) reconstruye dos perspectivas "gemelas" de la creación y uso de herramientas, que dependen de dos actividades primitivas: la visión ingenieril o de quien produce la herramienta y la visión humanista, o de quien observa y juzga su funcionamiento en contexto. Ingeniería y filosofía comportan dos actitudes radicales frente al fenómeno tecnológico; generalmente el ingeniero se presenta como el entusiasta creador y el filósofo como el crítico juez de lo creado. De ahí la tendencia de uno hacia progresar infinitamente y el freno de otro ante la perplejidad del poder tecnológico (Mitcham, 1989). La tercera disciplina, el derecho, funge como mediador ya que funciona con la lógica ingenieril y mercantil del interés propio y, al mismo tiempo, se fundamenta en la reflexión de principios éticos. En cierto sentido, como veremos, el Derecho es condición de posibilidad del desarrollo de ambas disciplinas.

Se sabe que la velocidad tecnológica alcanzada desde los orígenes del internet ha trastocado en gran medida la organización social. En la maquinaria jurídica, ha abierto y sigue abriendo lagunas legales de orden político, cívico y empresarial. A su vez, han emergido nuevos focos de reflexión ética, fuera de los centros tradicionales de reflexión: desde empresas líderes en el medio (https://research.google/), hasta asociaciones civiles cosmopolitas (Amnesty International, Access Now, 2018). En este entorno volátil, para continuar con la labor regulatoria y humanizadora de la tecnología, han surgido en los últimos años, a la par de redes de vigilancia y control conocidos como gobernanza (Barfield, 2021) y esfuerzos empresariales de adaptación a la norma jurídica conocidos como *compliance* (Enseñat, 2016), el desarrollo de principios y estrategias éticas que den pauta a los primeros (Fjeld et. al., 2020) y que anticipan nuevas formas de organización que, más allá de las enmiendas o parches para proteger intereses nacionales, empresariales o individuales, sean diseñadas con marcos humanistas para velar por el bienestar de los entornos en los que tienen influencia o impacto, es decir, que sean éticas por diseño.

Partiendo de estos ejes de reflexión, proponemos un enfoque ecosistémico de la Ética en el campo de la IA, con el objetivo de describir las principales relaciones y conductas de agentes y disciplinas involucradas en el desarrollo, uso y regulación de las nuevas tecnologías de la información y comunicación.

1. Perspectiva ecosistémica de la tecnología

"Technology is neither good nor bad, nor is it neutral. By that I mean that technology's interaction with the social ecology [...] can have quite different results when introduced into different contexts or under different circumstances".

Kranzberg's First Law of technology, 1986.

Una perspectiva ecosistémica es una perspectiva contextual. Si bien conocemos las limitaciones epistemológicas y los riesgos éticos en el uso de la noción ecosistema (Oh et al., 2014), elegimos la expresión porque "nos ayuda a entender la complejidad del debate y da perspectiva para intervenciones prácticas" (Carsten, 2021), en contraste con una visión sobre-especializada o mecanicista y, por lo mismo, demasiado reduccionista. Este método complejo para leer la realidad responde a uno de los paradigmas científicos contemporáneos: "la complejidad como método", que implica "leer la realidad como un todo reticular [...] tratando de identificar interacciones globales, más que deducciones de una causa a otra" y la "complejidad como cosmovisión" que busca "entender que el mundo en su conjunto es una especie de organismo cambiante donde cada elemento juega su papel protagónico por igual" (Velázquez, 2020, p.187). Para elaborar el método comenzaremos a esclarecer los términos desde la ciencia predominante en esta cosmovisión compleja: la biología.

En palabras del biólogo que acuñó el término, Arthur Tansley, los ecosistemas son "las unidades básicas de la naturaleza [...] todo el sistema (en el sentido de la física), incluyendo no sólo el organismo-complejo, sino también todo el complejo de factores físicos que forman lo que llamamos el entorno del bioma"[1] (Tansley, 1935), es decir, un entorno interconectado donde se dan relaciones bióticas. "Las interacciones bióticas [competencia, cooperación, depredación, etc.] son aquellas relaciones que se establecen entre dos o más organismos [...] que pueden verse beneficiados, perjudicados o no ser afectados, dependiendo del contexto en el que ocurran". (Boege y del Val, 2011). Este enfoque nos ayudará a señalar intersecciones[2] y sumar a la construcción de un suelo de

---

1. Traducción propia de "the basic units of nature [...] the whole system (in the sense of physics), including not only the organism-complex, but also the whole complex of physical factor forming what we call the environment of the biome".

2. La analogía de ecosistemas mostrará dos limitaciones cuando la estiremos para hablar de artefactos humanos en términos orgánicos, ya sea al referirnos a personas morales, empresas e instituciones, como organismos u organizaciones o al hablar de organicidad en entornos transformados por el ser humano, sea por tecnología o regulación. Esto puede enfrentarse con el viejo

diálogo entre las diversas disciplinas o actividades protagonistas en el desarrollo y gobierno de la inteligencia artificial: Filosofía, Derecho e Ingeniería. En palabras del grupo de expertos de alto nivel designado por la Comisión Europea:

> "Trustworthy AI has three components, which should be met throughout the system's entire life cycle: (1) it should be lawful [...](2) it should be ethical [...] (3) it should be robust, both from a technical and social perspective since...". (European Commission High-Level Expert Group on AI C., 2019, p. 1).

A continuación expondremos los principios de tres nodos protagonistas de una perspectiva ecosistémica de la ética en IA.

2. Nodo ingenieril

La ingeniería, del inglés *engine o ingenio* (máquina o artificio mecánico [RAE, 2021]) o del latín *ingeniator,* proveniente de *ingenium* ("cualidad innata, *poder mental especial, invención inteligente*" [Random House, Inc., 2006]) es "the branch of science and technology concerned with the design, building, and use of engines, machines, and structures" (Oxford Concise Dictionary, 1995). ¿Por qué los seres humanos innovamos y creamos? Por dos motivaciones radicales: porque "la necesidad es madre de la innovación", frase atribuida a Platón (*República*, 369c), o porque "la innovación es la madre de la necesidad", segunda ley de Kranzberg, (Kranzberg, 1986). En otras palabras: o para satisfacer necesidades o por una tendencia natural a crear. Como sea, la ingeniería es la disciplina

---

argumento del ergon o función, en el que Aristóteles se adelanta a la dicotomía natural-artificial, argumentando que la racionalidad y sus productos son naturales al ser humano.

que resuelve problemas. Ampliando este doble origen, Ibo Van de Poel y Royakkers categorizan los incentivos que mueven al desarrollo tecnológico en tres categorías que se verifican a lo largo de las revoluciones tecnológicas: a) etusiasmo tecnológico, b) efectividad y eficiencia y c) bienestar de la humanidad (Ibo Van de Poel y Royakkers, 2011). Por "ingeniero" entendemos cualquier profesionista involucrado en la innovación tecnológica (científico de datos, desarrollador de software, etc.). Contrario a las disciplinas que se hacen gracias al ocio, como la filosofía o la literatura, por cuestión de incentivos operativos, bajo este paraguas de innovación y creación podemos agrupar las actividades humanas conocidas como negocios (del latín *nec* y *otium*: sin ocio): cualquier actividad que busca resolver una necesidad, desde un vendedor que se las ingenia para que le compren, hasta un médico que se las ingenia para curar.

3. Nodo ético

Entendemos "ética", lo relativo al *ethos*: "costumbre, hábito, uso"; "carácter, manera de ser, pensar o sentir"; "moralidad, moral" (Pabón, 1998), como una rama de la filosofía que estudia cuáles son las mejores costumbres, hábitos, usos, caracteres, sentimientos, temperamentos, etc. De ahí su sentido coloquial, a saber, la consideración de "lo bueno y lo malo, lo correcto y lo incorrecto" (Carsten, 2021). Con base en nuestras costumbres y en nuestros estándares actuales de lo correcto y lo incorrecto, fundados en el respeto a la dignidad humana (ONU, 1948), entendemos la ética de la IA como las conductas, formas de ser y la moralidad del uso de tecnologías de la información para promover el bienestar social y prevenir violaciones a derechos humanos (*DDHH*).

Hay principalmente tres escuelas o aparatos éticos que juegan un papel en la comprensión y regulación tecnológica y que aparecerán en distintos momentos de nuestra exposición de la evolución ética de la IA; la ética deontológica (Kant, 1999), la ética utilitarista (Mill, 1957) y la ética de la virtud (Aristóteles, 1983).

1. La ética deontológica, ética de imperativos categóricos o absolutos morales, promovida, entre otros, por Kant (AA IV:429) y popularizada en IA por las tres leyes de Asimov (2017, p.8) ayudó a sentar las bases de los DDHH (Habermas, 2010; Vizard, 2000): "Obra de tal modo que trates a la humanidad, tanto en tu persona como en la persona de cualquier otro, siempre al mismo tiempo como fin y nunca simplemente como medio" (Kant, AA IV:429). La ética de absolutos morales o deontológica, depende en buena medida, para su implementación, del ejercicio racional de individuos y del gobierno de instituciones, es decir, en cierta coacción afectiva y legal.

2. La ética utilitarista, ética de ponderaciones, da criterios para la toma de decisiones individuales, corporativas o de política pública[3]. En palabras de Henry West, especialista en el pensamiento de Stuart Mill, "la teoría ética según la cual la producción de felicidad y la reducción de la infelicidad deben ser la norma por la que se juzguen las acciones correctas o incorrectas y por la que se evalúen críticamente las normas de moralidad, las leyes, las políticas públicas y las instituciones sociales"[4] (West, 2006, p.1). La ética utilitarista sigue principios mecánicos porque parte del motor

---

3. "Utilitarianism is the theory that actions, laws, policies, and institutions are to be evaluated by their utility, that is, by the degree to which they have better consequences than alternatives" (West, 2004, p.1).

4. Traducción propia de "the ethical theory that the production of happiness and reduction of unhappiness should be the standard by which actions are judged right or wrong and by which the rules of morality, laws, public policies, and social institutions are to be critically evaluated".

de interés propio presente en individuos e instituciones, es decir, en principio funciona con una lógica lineal de motores y resistencias: atracción o repulsión, incentivos o restricciones.

3. La ética de la virtud, o ética pedagógica, que pone bases para programas educativos con enfoque moral (Back, Clarke, & Phelan, 2018). "Preguntándosele –a Aristóteles– qué ganancia, finalmente, le había dado la filosofía, respondió: «Hacer espontáneamente lo que otros hacen por miedo de las leyes.»" (Diógenes Laercio, 1887). La ética de la virtud o ética pedagógica, sistematizada por Aristóteles de Estagira hace 2,400 años, es una corriente de filosofía práctica que pretende formar la conducta de las personas para que sientan satisfacción al actuar de la forma correcta e incomodidad al hacerlo de forma incorrecta (Aristóteles, 1983). En otras palabras, dado que la mayoría perseguimos el placer y huimos del dolor instintivamente (Piaget, 1991, p. 26), la ética de la virtud busca que se actúe moralmente de manera automática o habitual, sin depender únicamente de coacciones racionales, sociales o gubernamentales. Aunque proponemos un análisis mental entre distintas corrientes éticas, una de absolutos, otra de cálculos morales y otra pedagógica, en su implementación operan integradamente.

4. Nodo jurídico

Entendemos derecho, del latin *directum* ("lo que está conforme a la regla, a la ley, a la norma" [Villoro, 2005]), "como una regulación del proceder de los hombres en la vida social" (García Máynez, 1974). Según García Maynes el derecho objetivo es un conjunto de normas, "trátese de preceptos imperativo-atributivos, es decir, de reglas que, además de imponer deberes, conceden facultades" (García Máynez, 1974, p. 36). ¿En qué se distinguen de las normales éticas o morales? "La diferencia esencial entre normas morales y preceptos jurídicos estriba en que las primeras son unilaterales y los segundos bilaterales. La unilateralidad de las reglas éticas se hace consistir en que frente al sujeto a quien obligan no hay otra persona autorizada para exigirle el cumplimiento de sus deberes. Las normas jurídicas son bilaterales porque imponen deberes correlativos de facultades o conceden derechos correlativos de obligaciones. Frente al jurídicamente obligado encontramos siempre a otra persona, facultada para reclamarle la observancia de lo prescrito" (García Máynez, 1974, p. 15).

Aunque forman parte del mismo proceso civilizatorio de humanizar la convivencia humana y la tecnología, en este trabajo señalaremos las diferencias entre Derecho y Ética, para luego integrarlas, como intentaron autores de la talla de Aristóteles, Tomás de Aquino o Adam Smith, en una suerte de ecosistema.

4.1. *Compliance*

Hoy se abren tantas lagunas legales por los acelerados cambios tecnológicos, que según el estudio de KPMG sobre "Perspectivas de la Alta Dirección en México 2020"[5], los cambios regulatorios se han vuelto uno de los principales riesgos empresariales, de ahí la necesidad del *compliance* o cumplimiento normativo. Como ya adelantamos, dicho cumplimiento puede considerarse un im-

---

5. "En opinión de la Alta Dirección, los tres objetivos más importantes de la administración de riesgos son: 1) "Asegurar el cumplimiento regulatorio" (60%), 2) "Aumentar la rentabilidad" (59%), 3) "Garantizar la permanencia en el tiempo" (44%)" (KPMG, 2020).

portante paso en el progreso ético. El término inglés *compliance* –cumplimiento de normas, conformidad (RAE, 2018) u observancia (RAE, 2021)–, cuyo sentido puede rastrearse hasta la noción de observancia de la ley divina en textos sagrados judíos y luego en la teología cristiana, fue usado primero en la jerga médica para referirse al acatamiento de las recomendaciones de un régimen terapéutico para un paciente. A finales del siglo XX, según Hirokiyo Furuta (Leyes, Chuo University), se volvió un slogan en el mundo corporativo estadounidense: "En un contexto jurídico, esto significa obedecer las órdenes legales y realizar plenamente el Estado de Derecho. [...] con el objetivo de aumentar la eficiencia empresarial, reducir el riesgo y aumentar la confianza del mercado"[6] (Futura, 2015).

Más tarde, su implementación en el mundo no-anglosajón fue empujada por la Convención Anticorrupción de la OCDE, suscrita por 41 países, detallada en 2010 en el documento *Good Practice Guidance on Internal Controls, Ethics, and Compliance* (Enseñat, 2016). En México, el *compliance* comenzó cuando se dio la responsabilidad penal de empresas o "procedimiento para personas jurídicas", implementado en el Código Nacional de Procedimientos Penales, publicado en el Diario Oficial de la Federación en 2014 (DOF, 2014). En España con la Ley Orgánica 5/2010 de la Reforma del Código Penal (Boletín oficial del estado, 2010), o en Chile con la Ley 20.393 de 2009 (Ministerio de Hacienda, 2009). Antes de estas leyes las empresas no asumían, como entes ficticios de creación legal, la responsabilidad penal, sino sólo civil o mercantil.

Para 2016, la norma penal (Código Nacional de Procedimientos Penales) se publica y se complementa con las reglas de la Ley

---

6. Traducción propia de "in a legal context, this means to obey legal orders and fully realize the rule of law. [...] with the goal of increasing business efficiency, reducing risk, and heightening confidence from the market".

General de Responsabilidades Administrativas (DOF, 2016), exponiéndolos requisitos para excluir de responsabilidad administrativa (y penal) a la empresa en caso, por ejemplo, de que una persona física cometiera un delito y fueran llevados a juicio. El establecimiento de una política de integridad corporativa y de controles internos, en otras palabras, de contar con un área de *compliance* (o por lo menos de un "oficial de cumplimiento") que auxilie a la empresa en estos temas[7]. El artículo 25 de la ley dice: "En la determinación de la responsabilidad de las personas morales a que se refiere la presente Ley, se valorará si cuentan con una política de integridad. [...]

1. Un manual de organización y procedimientos [...] que delimite claramente las distintas cadenas de mando [...].
2. Un código de conducta debidamente publicado y socializado [...]
3. Sistemas adecuados y eficaces de control, vigilancia y auditoría [...].
4. Sistemas adecuados de denuncia [...].
5. Sistemas y procesos adecuados de entrenamiento y capacitación respecto de las medidas de integridad que contiene este artículo.

---

7. En el artículo 24 y 25 se desarrollan dichos controles: " I. Un manual de organización y procedimientos [...] que delimite claramente las distintas cadenas de mando [...]. II. Un código de conducta debidamente publicado y socializado [...] III. Sistemas adecuados y eficaces de control, vigilancia y auditoría [...]. IV. Sistemas adecuados de denuncia [...]. V. Sistemas y procesos adecuados de entrenamiento y capacitación respecto de las medidas de integridad que contiene este artículo. VI. Políticas de recursos humanos tendientes a evitar la incorporación de personas que puedan generar un riesgo a la integridad de la corporación. VII. Mecanismos que aseguren en todo momento la transparencia y publicidad de sus intereses".

6. Políticas de recursos humanos tendientes a evitar la incorporación de personas que puedan generar un riesgo a la integridad de la corporación.

7. Mecanismos que aseguren en todo momento la transparencia y publicidad de sus intereses"[8].

La cultura del *compliance* ha crecido exponencialmente en los últimos años. Desde profesionistas independientes hasta grandes áreas dentro de la estructura de las organizaciones. Las universidades cuentan con especialidades y cursos y los abogados han visto un campo nuevo para el ejercicio profesional. Sin embargo, el *compliance*, o las áreas de *compliance*, no tendrían razón de ser sin tres ingredientes fundamentales: a) la ética de la empresa; b) el gobierno corporativo y c) la medición de riesgos.

En consecuencia, el *compliance* no trata solo de prevenir problemas y garantizar que todos los trabajadores y directivos cumplan con el conjunto de principios, procesos, procedimientos y las leyes externas y regulaciones internas orientados a proteger los intereses de las empresas, así como a fortalecer la relación entre sus accionistas, la administración, y los demás grupos de interés a través de la equidad entre accionistas, la transparencia y rendición de cuentas y la conducción responsable de los negocios (gobierno corporativo). También implica buscar un impacto positivo dentro de la organización basado en la ética de la empresa. De hecho, primero surge la ética de la empresa y el gobierno corporativo, y después, el *compliance*[9].

La diferencia entre *compliance*, los principios de ética empresarial y la mera asesoría legal es que el *compliance* conlleva a la im-

---

8. (DOF, 2016).

9. Consideramos que el primer libro sobre ética de negocios fue escrito por Frank Chapman Sharp y Philip G. Fox (1937) New York; D. Appleton-Century Company Incorporated.

plementación de controles internos y generalmente están sujetos a auditorías, ya sea por disposición legal, políticas de la empresa, buenas prácticas de gobierno corporativo o el logro de certificaciones como la Organización Internacional de Normalización (o ISO, por sus siglas en inglés). Por lo general, las acreditaciones avanzadas constan no sólo de lineamientos estáticos de diseño, planificación e implementación, sino en procesos de mejora continua: ciclos como el modelo ISO 37301, que establece el PDCA (plan, do, check, act): planificar, hacer, verificar, actuar (ISO 37301: 2021). O la ISO/IEC 42001, primera norma del mundo sobre sistemas de gestión de IA (ISO, 2023).

4.2. Gobernanza

Frente a los retos regulatorios de las rápidas transformaciones tecnológicas y las limitaciones de las herramientas jurídicas nacionales, se dio a finales del siglo pasado formas de vigilancia y control más horizontales y colaborativas conocidas como gobernanza. La gobernanza forma parte de una transformación de la autoridad y el control motivados por el llamado "gobierno abierto", un movimiento de rendición de cuentas públicas surgido en EE. UU., después de la Segunda Guerra Mundial y acelerado con la Guerra Fría (Yu y Robinson, 2012). El gobierno abierto surge, sobre todo, por las posibilidades tecnológicas de comunicación y las necesidades de transparencia, frente a los conflictos mundiales y a las viejas legislaciones secretistas como la Housekeeping Statute de 1789, que dotaba a "autoridad general de los funcionarios para dirigir sus organismos"[10] (Yu y Robinson, 2012, p. 184). Ante esta cultura gubernamental menos cerrada, las limitaciones de los

---

10. Traducción propia de "[g]overnment officials general authority to operate their agencies".

gobiernos nacionales frente a problemas transnacionales como el cambio climático, la velocidad tecnológica o las epidemias y las capacidades comunicativas entre gobierno, empresa y sociedad civil, surge la gobernanza (BEVIR, 2012):

> "Gobernanza" es una etiqueta que se utiliza con frecuencia, generalmente para describir la aparición de un nuevo modelo de gestión de la economía, un alejamiento de las estructuras territoriales, jerárquicas y de control instauradas en los años 30 y 40 para pasar a un paradigma más global y pluralista, pero menos intervencionista. [...]A menudo se describe como un proceso de coordinación dentro de redes[11] (Barfield, 2021).

Desde la perspectiva empresarial, sometida a este mismo entorno volátil, uno de los primeros artículos académicos sobre GRC publicado en 2007 define a la gobernanza como "the integrated collection of capabilities that enable an organization to reliably achieve objectives, address uncertainty and act with integrity" (Scott L. Mitchell, 2007).

5. Perspectiva ecosistémica de la tecnología

Una vez expuesto lo que entendemos por ecosistema tecnológico y sentarsus marcos ingenieril, ético y jurídico, podemos decir que un enfoque ecosistémico de la IA es una perspectiva orgánica de la defensa de los DDHH, la Democracia y el Estado

---

11. Traducción propia de ""Governance" is a label that is used frequently, generally to describe the emergence of a new model of management of the economy, a move away from the territorial, hierarchical, and controlling structures put in place in the 1930s and 1940s to a paradigm which is more global and pluralist, but less interventionist. [...] [It] is often described as a process of coordination within networks".

de derecho en la Industria 4.0. Un ejemplo de este enfoque es la metodología HUDERIA publicada en diciembre de 2024 por el Consejo Europeo. Este tipo de perspectiva o enfoque atienden primordialmente las relaciones y conductas entre agentes y pacientes de la tecnología con miras hacia a la promoción de la cooperación, la moderación de la competencia agresiva y la prevención de la depredación social. La perspectiva ecosistémica de la regulación no es nueva. Según el grupo de expertos de alto nivel designado por la Comisión Europea, una IA confiable contempla una red compleja de disciplinas protagonizadas por la Ingeniería, el Derecho y la Filosofía:

"Trustworthy AI has three components, which should be met throughout the system's entire life cycle: (1) it should be lawful, complying with all applicable laws and regulations (2) it should be ethical, ensuring adherence to ethical principles and values and (3) it should be robust, both from a technical and social perspective since, even with good intentions, AI systems can cause unintentional harm" (European Commission High-Level Expert Group on AI C., 2019, p. 1).

Además de las guías de ética de la UE existe bibliografía especializada y programas intelectuales que han intentado integrar previamente los enfoques éticos, jurídicos y técnicos. Está el trabajo de Bernd Carsten (2021), *An Ecosystem Perspective on the Ethics of AI and Emerging Digital Technologies* o el ambicioso proyecto intelectual del filósofo y economista escocés Adam Smith, quien, buscando describir una física social (Hetherington, 1983) –pero partiendo de un principio orgánico de raigambre aristotélica, el ser humano como animal social– superó el mecanicismo y logró una cosmovisión que asimiló lo tecnológico, lo ético y lo jurídico; el ámbito técnico en *La riqueza de las naciones* (Smith, 1776), el ético en la *Teoría de los sentimientos morales* (Smith, 1759) y el jurídico en sus *Lecturas en jurisprudencia* (Smith, 1762-63). El proyecto smithiano intentó una descripción de, entre otros fenómenos, las causas del comportamiento ético (civilizado) y del desarrollo técnico-económico a nivel individual y social. Tomaremos esta clasificación de Smith porque está integrada en un proyecto intelectual robusto y con miras prácticas y porque calza con los factores que determinan una "IA confiable" según las guías de la UE: la ingeniería engloba el ámbito técnico, la filosofía el ético y el derecho el jurídico. Según Smith 1) el ámbito técnico o ingenieril responde a la necesidad de un progreso o crecimiento lineal, necesario para la riqueza nacional; 2) el ámbito jurídico es el suelo de seguridad legal; y 3) el ético[12] son las pautas de la convivencia amigable o civilizada.

6. Ingeniería en IA: estado del arte

Alrededor de los años 50, entre los desarrollos de IBM y Turing, las reflexiones en Dartmouth y la imaginación de Asimov, se dio un foco de innovación técnica y pensamiento crítico en torno a la inteligencia artificial. A partir de ahí, comenzó una serie de "primaveras" e "inviernos" caracterizados por el ir y venir de grandes expectativas, inversiones y atención mediática (Mitchell, M., 2021). Cuarenta años más tarde, con el origen del Internet, la de-

---

12. Por este enfoque práctico de la ética, Smith pudo integrar las tres corrientes expuestas en el apartado anterior: 1) heredó el proto-utilitarismo de su maestro Hutcheson para el cálculo moral de la felicidad de la mayoría a partir de principios de placer y dolor, atracción y repulsión (Hollander, 2016); 2) adelantó fundamentos de la ética deontológica defendida por su contemporáneo Kant (Fleischacker, 1991 / Smith, 1759, III, 3, 4, 137), al mostrar que los sentimientos dejados solos pueden engañarnos y que es necesaria una razón, como "observador imparcial" o tribunal máximo de los conflictos, que delibere ante una controversia; 3) Para terminar, se adhiere explícitamente a la ética de la virtud aristotélica: la búsqueda y formación en la práctica del justo medio (Smith, 1759, VII, II, 12, 271).

mocratización tecnológica y el desarrollo de mayor capacidad técnica (de recabación como las redes 5G, almacenamiento en nubes como Google Drive y procesamiento en computadoras personales), un nuevo verano está presente con transformaciones técnicas y sociales, marcando un cambio climático que detona nueva reflexión y esfuerzos de legislación. En palabras del National Security Commission on Artificial intelligence de EEUU: "Hoy en día, hemos llegado a un punto de inflexión. La transformación digital global ha dado lugar a un suministro abrumador de datos. Los algoritmos estadísticos de ML, en particular las redes neuronales profundas, han madurado como solucionadores de problemas, aunque con limitaciones. La informática potente y conectada en red que alimenta las capacidades de ML se ha generalizado. La convergencia de estos factores pone ahora esta capaz tecnología en manos de técnicos y no técnicos por igual"[13] (NSCAI, 2021).

Frente a nuestra comprensión de la IA, la hipérbole mediática y la rápida transformación tecnológica, antes de entrar a la discusión ética y jurídica, introduciremos unas líneas sobre nuestra comprensión de esta tecnología. En ¿Por qué la IA es más difícil de lo que pensamos?, Melanie Mitchell expone cinco falacias que cometemos al hablar de IA, empezando por la ignorancia acerca de nuestra propia inteligencia. Desde el imaginario de una "IA general" progresando como un continuo con cada innovación en el campo, hasta la falacia de localizar la inteligencia en el cerebro, cuando desde hace más de dos siglos hasta hoy seguimos pregun-

---

13. Traducción propia de: "Today, we have reached an inflection point. Global digital transformation has led to an overwhelming supply of data. Statistical ML algorithms, particularly deep neural networks, have matured as problem solvers-albeit with limitations. The powerful and networked computing that fuels ML capabilities has become widely available. The convergence of these factors now places this capable technology in the hands of the technical and nontechnical alike".

tando qué es y cómo se produce el pensamiento. "La IA es más difícil de lo que creemos, porque somos en gran parte inconscientes de la complejidad de nuestro proceso de pensamiento"[14] (Mitchell, M., 2021, p. 4). Así, aunque conscientes de muchas limitaciones del término Inteligencia Artificial y de la competencia de nombres para designar propiamente funciones de las tecnologías que emulan capacidades cognitivas, como el uso de lenguaje natural, el razonamiento automático, el aprendizaje y adaptación al medio (Russell y Norvig, 2009) y, específicamente, la identificación de patrones, correlaciones y causalidades para predecir efectos y tomar decisiones, para fines de introducción a las intersecciones de la ingeniería, la ética y el derecho, nos ceñiremos a los desarrollos más comunes y a la expresión más popular: Inteligencia Artificial.

¿Qué es la Inteligencia Artificial? Los dos principales sentidos son el de "IA general" e "IA estrecha". La IA general o fuerte es la ficción de una tecnología capaz de integrar, igualar o superar la funciones de la inteligencia humana, mientras que la IA estrecha o débil refiere a los distintos procesos cognitivos ejecutados de manera aislada o no plenamente integrada (Carsten, 2021). Basado en una muestra de 600,000 documentos relacionados con la IA débil la casa editorial Elsevier reportó siete clusters que aglutinan estos procesos: 1) búsqueda y optimización; 2) sistemas difusos; 3) planeación y toma de decisiones; 4) procesamiento de lenguaje natural y representación de conocimiento; 5) visión computacional; 6) aprendizaje de máquina y 7) razonamiento probabilístico y redes neuronales (Elsevier, 2018). Entre las muchas definiciones que existen, para los objetivos de este trabajo tomaremos en cuenta una noción que, más allá de describir los complejos procesos técnicos que la constituyen y sus aplicaciones, analiza las partes de

---

14. Traducción propia de "AI is harder than we think, because we are largely unconscious of the complexity of our own thought process".

la industria de la IA que forman de cierto modo un ecosistema. Así tomaremos la noción holística[15] del director de Google Drive, Andrew Moore, y pensaremos la IA en contexto: "La Inteligencia Artificial es [...] una constelación de tecnologias que dependen de elementos interrelacionados que pueden ser visualizados como una rimero": "... talento, datos, hardware, algoritmos, aplicaciones e integración"[16] (NSCAI, 2021, p. 31).

7. Ética en IA: estado del arte

A partir de la Declaración Universal de los Derechos Humanos (DUDH), fundamentada en alguna medida en una ética deontológica, el día de hoy los principios éticos de la IA son desarrollados por una gran variedad de jugadores. Antiguamente, en la Europa medieval, eran sobre todo las universidades, las instituciones religiosas y los gobiernos quienes protagonizaron la reflexión ética y el ejercicio legislativo[17], pero por el rápido desarrollo tecnológico[18]. Hoy los principios también son estudiados y

15. Esta definición permitió al National security commission on Artificial intelligence de EEUU generar un reporte sobre el estado de la competencia tecnológica con su principal rival: China. "The NSCAI Final Report presents an integrated national strategy to reorganize the government, reorient the nation, and rally our closest allies and partners to defend and compete in the coming era of AI-accelerated competition and conflict". (NSCAI, 2021, p. 8).

16. Traducción propia de "Artificial Intelligence is [...] a constellation of technologies that depend on interrelated elements that can be envisioned as a stack" y "... talent, data, hardware, algorithms, applications and integration".

17. La escuela de Salamanca reflexionó sobre los límites éticos del Descubrimiento de América: desde el ensanchamiento de las posibilidades financieras como el préstamo con intereses (Garrán Martínez, 1989), hasta las discusiones sobre la humanidad de los indígenas en el nuevo mundo (De las Casas, 1998).

18. Una pintura que representa como pocas la brecha tecnológica entre la industria y el gobierno fue el video viral "Zuckerberg explains the internet

propuestos por empresas líderes en la rama y otras instituciones y asociaciones interesadas, y se dirigen a todo el ámbito de impacto de la tecnología: "...talento humano, datos, hardware, algoritmos, integración y aplicaciones"[19] (NSCAI, 2021, p. 32).

De entre las decenas de artículo sque rastrean o sintetizan los principios éticos de la IA destaca *Principled Artificial Intelligence: Mapping Consensus in Ethical and Rights-based Approaches to Principles for AI,* del Berkman Klein Center for Internet & Society, Facultad de Derecho de Harvard, liderado por Jessica Fjeld. En él se reúne y analiza treinta y seis documentos de ética de la Inteligencia Artificial de las organizaciones que encabezan su desarrollo e implementación a nivel mundial. Desde los principios de integridad de Google a los principios de gobernanza del gobierno chino. Según el mismo artículo, dichas organizaciones pertenecen a seis áreas: gobiernos, sector privado, sociedad civil, organizaciones intergubernamentales y gobernanza multipartes (Fjeld et. al., 2020).

El consenso encontrado y el porcentaje de ocurrencias de los principios en los documentos son los siguientes: privacidad (97% de los documentos), rendición de cuentas (97%), protección y seguridad (81%), transparencia y explicabilidad (94%), justicia y no discriminación (100%), control humano de la tecnología (69%), responsabilidad profesional (78%) y promoción de valores humanos (69%). El estudio reporta que sólo 64% de los documentos contienen referencia a los derechos humanos y que únicamente cinco documentos adoptaron explícitamente un marco internacional de derechos humanos como base para su esfuerzo ético.

---

to Congress", en el que el portal CNET caricaturizó los cuestionamientos que hicieron varios congresistas norteamericanos a Zuckerberg durante su audiencia en Congreso en 2018. https://www.youtube.com/watch?v=ncbb5B85sd0
19. La traducción es nuestra.

Hablar de un ecosistema es hablar de circunstancias particulares. Aunque existan consensos sobre principios éticos, una capacidad técnica similar e, incluso, mecanismos regulatorios homologados, los espacios geográficos, culturales o legales donde se observa la organización ética presentará características particulares. Por ejemplo, el derecho a la privacidad, que es el más popular dentro del consenso, funciona distinto en distintos contextos: mientras que en la UE se protege el derecho a la privacidad de los datos fundamentado por la Convención Europea de Derechos Humanos e instituido por la GDPR (Regulación general de protección de datos), en otras partes del mundo la protección tiene distintos particularidades. En China, por otro lado, aunque la ley protege los datos de los ciudadanos de abusos de terceros, no lo hace frente al acceso y uso gubernamental (Carsten, 2021). Esto quiere decir que cada ecosistema está sujeto a su contexto: "Todos los ecosistemas de IA están inmersos en entornos que, en parte, les dan forma pero que, a su vez, son moldeados por ellos. [...] Estos entornos abarcan aspectos técnicos, políticos, económicos, jurídicos, sociales, éticos y de otro tipo que interactúan estrechamente con la IA y son muy influyentes en la forma en que las cuestiones éticas y afines se materializan, se perciben y pueden abordarse"[20] (Carstens, 2021).

Adelantando una instancia legal que implemente el principio de privacidad, nos preguntamos qué mecanismos existen para la aplicación de los principios éticos de la IA. Ya desde la ciudad ideal dibujada por el joven Platón, tenemos conciencia de que la ética tiene dos grandes retos: conocer qué es lo bueno y aplicarlo en

---

20. Traducción propia de "All AI ecosystems are embedded in envieornments which partly shape them but in turn are spahed by them. [...] These enviornments cover technical, policy, economic, legal, social, ethical and other aspects that closely interact with AI and are very influential in the way ethical and related issues materialize, are perceived and can be addressed".

la realidad[21]. Sobre el primer reto, aunque no exista un consenso universal, la velocidad del progreso tecnológico nos empuja aprender en el camino y adoptar, como propuso Descartes, una "moral provisional" (*Discurso del Método*, VI, 22), que nos sirva como brújula para que avancemos, con base en prueba y error, hacia un uso más humanista de la Inteligencia Artificial. Sobre el segundo objetivo –la aplicación– Adam Smith reconoció que muchos principios éticos dependen de la benevolencia de las personas, una disposición o estatura moral minoritaria, debido a su alto costo educativo, intelectual y cultural. Conviene, pues, analizar otros procesos de implementación en paralelo a la búsqueda de dicho acuerdo general y la confianza en una benevolencia particular.

Una vez que tenemos establecida la brújula de principios éticos (Fjeld et. al., 2020) que difícilmente se implementarán, en el corto plazo, por mera benevolencia, exponemos a continuación algunos de los mecanismos gubernamentales, jurídicos y empresariales para la vigilancia y regulación de la IA.

8. Derecho en IA: estado del arte

Hay quienes defienden que a partir de las muertes y daños por explosiones de boilers y contenedores bajo presión, en 1884 la American Society of Mechanical Engineers (ASME) estandarizó

---

21. Uno de los casos paradigmáticos en la dificultad de implementar los principios éticos es la ciudad ideal dibujada por el joven Platón en la República (Platón, 1992), una ambiciosa organización social que fue moderando en la medida en que sus ideas fueron chocando con la realidad. Pasaron el tiempo, las pruebas y los errores, y el pensamiento de Platón maduró: en sus Leyes, una obra de vejez, expone versiones más modestas de las ideas propuestas en República, incluso se desdice de algunas muy extremas, como la expulsión de los poetas (Platón, 1999, VII). Esto por dos razones: o porque fue afinando su noción de lo bueno o porque vio la imposibilidad de la implementación en la realidad.

su desarrollo y construcción, creando así las primeras piezas de legislación moderna en materia tecnológica (Héder, 2020). La regulación de la IA se suma a esta tradición de esfuerzos por proteger a la sociedad de las consecuencias de nuestras capacidades técnicas, en las áreas presentadas en la definiciòn contextual de las nuevas tecnologías: "...talento humano, datos, hardware, algoritmos, integración y aplicaciones"[22] (NSCAI, 2021, p. 32).

Como adelantamos al principio del capítulo, las principales corporaciones (Amazon, Google, Facebook, Microsoft, IBM y Apple) optaron por la autorregulación y fueron proliferando las guías éticas de la IA. Poco duró su credibilidad al venir las críticas de la comunidad académica (Héder, 2020; Crawford, 2021; Hagendorff, 2020). La inquietud central se mantiene: ¿cómo se protege a los ciudadanos ante cambios tan vertiginosos que abren inmensos vacíos jurídicos en un escenario de oligopolios tecnológicos? Y, por otro lado, ¿cómo se protege la innovación tecnológica y el desarrollo de la actividad empresarial frente a tempranos, ambiguos y, muchas veces, excesivos esfuerzos legislativos?[23] En *La regulación mañana: ¿qué pasa cuando la tecnología es más rápida que la ley*, Vermeulen, et al. discuten que el aparato jurídico tradicional enfrenta dificultades para regular los avances tecnológicos y muestran la disyuntiva actual: "se cree que deben optar por dos

---

22. Traducción propia de *"...talent, data, hardware, algorithms, applications and integration"*.

23. El caso más reciente lo encontramos en Chile con su reforma constitucional sobre neuro-derechos y la propuesta, de proteger desde la supremacía de la constitución 5 tipos de nuevos derechos humanos: (1) Derecho a la privacidad mental (los datos cerebrales de las personas), (2) Derecho a la identidad y autonomía personal; (3) Derecho al libre albedrío y a la autodeterminación; (4) Derecho al acceso equitativo a la aumentación cognitiva (para evitar producir inequidades); y (5) Derecho a la protección de sesgos de algoritmos o procesos automatizados de toma de decisiones. (Senado chileno, octubre 2020).

acciones extremas: regular sin suficiente información o la parálisis (no hacer nada)". (Vermeulen, et. al, 2017).

Algunos actores políticos, de la mano de científicos y académicos ven con preocupación que existen riesgos derivados del uso de la IA, poniendo especial énfasis en la necesidad de desarrollar legislación y, al mismo tiempo, sistemas automatizados y protocolos para la prevención de riesgos corporativos que sean un instrumento adicional a la autorregulación que en un inicio plantearon las principales corporaciones. A continuación haremos una introducción a la legislación, el *compliance* y la gobernanza como momentos o parte del progreso ético.

9. Regulaciones en IA

Hay dos tipos de regulación de la IA: la regulación externa o regulación de entes nacionales y supranacionales; y, la regulación interna o autorregulación basada en el *compliance*. La regulación externa consta de dos grandes ámbitos: el derecho suave (OCDE, UNESCO) y el derecho rígido o tradicional (fruto del modelo de democracias constitucionales en los estados-nación). La autorregulación o *compliance*, busca generalmente la protección frente al riesgo penal o administrativo generado por el derecho rígido o tradicional y, para ello, utiliza políticas, procedimientos, procesos, controles y códigos (de ética, de conducta), auditorías, sistemas, entre otros, que le dan vida dentro de la organización.

Entre los proyectos líderes en regulación jurídica a nivel mundial destacan claramente el AI Act de la Unión Europea y el AI Bill of Rights de los Estados Unidos. El 13 de marzo de 2024 el Parlamento Europeo resolvió definitivamente el más avanzado y completo documento de regulación jurídica de la IA a nivel mundial: el UE AI Act. A diferencia del documento nortemericano el enfoque europeo es basado en riesgo, es decir, busca prevenir y evitar cualquier afectación a Derechos Humanos, Democracia o Estado de Derecho. Los cuatro niveles de riesgo descritos por la Ley de IA son: 1) Riesgo mínimo o nulo. 2) Riesgo limitado: estos deben cumplir con obligaciones de transparencia; por ejemplo, chatbots y sistemas que generan deepfakes o contenido sintético. 3) Sistemas de IA de alto riesgo (HRAI): sistemas que pueden tener un impacto significativo en las posibilidades de vida de un usuario. 4) Riesgo inaceptable: Los sistemas de IA que se consideren una clara amenaza para la seguridad, los medios de vida y los derechos de las personas serán prohibidos en el mercado de la UE. (Díaz-Rodríguez, et al., 2023).

Por otro lado, el *AI Bill of Rights* de los Estados Unidos es un conjunto de directrices publicadas en octubre de 2022 para el desarrollo y uso responsable de la IA. Fue creada por la Oficina de Política Científica y Tecnológica (OSTP) de la Casa Blanca y fue el resultado de una colaboración entre la OSTP, académicos, grupos de derechos humanos, público en general e incluso grandes empresas como Google y Microsoft. El enfoque norteamericano es más por principios, es decir, que hasta que no se viole algún derecho o no haya afectaciones hay permisibilidad. Los 5 principios que lo rigen son los siguientes: 1) Sistemas seguros y eficaces. 2) Protección contra la discriminación por algoritmos. 3) Privacidad de datos. 4) Aviso y explicación. 5) Alternativas humanas, consideración y retroceso. (*The White House* OSTP, 2022).

10. Gobernanza de IA

Desde la IA, la gobernanza supone un paso en el progreso ético, ya que supera la coacción vertical de un gobierno nacional y crea redes de legislación, vigilancia y rendición de cuentas en "redes de interacción público-privado-civil a lo largo del eje local/global" (Prats Catala, 2005, p. 155):

Desde la década de 1950, cuando los ordenadores digitales aparecieron por primera vez como productos comerciales, hasta la actualidad, se ha desarrollado una enorme dependencia de las TIC como herramienta de apoyo o medio directo para aplicar las políticas. A través de los procesos que se describen a continuación, se recopilan, procesan y presentan enormes cantidades de datos a los responsables de la toma de decisiones o se utilizan inmediatamente para llegar a conclusiones. A medida que se amplía la tecnología digital, pasamos a la gobernanza algorítmica. Esta combina las ideas que sustentan la gobernanza (coordinación, colaboración, trabajo en red) con la administración electrónica (el uso de las TIC como habilitador fundamental) y la gobernanza electrónica (combinando el papel del Estado y los actores e intereses del sector privado). Su ideología subyacente tiene a menudo sus raíces en la NPM (Nueva Gestión Pública) y la DEG (Gobernanza de la Era Digital), y se afirma que es la fuente de importantes transformaciones en la gestión de las sociedades modernas [24] (Kennedy, 2020, p. 2013).

Aunque la gobernanza sigue operando con las fuerzas de interés propio de las organizaciones a las que regulan y, muchas veces, de las que vigilan, implementan o exigen la regulación en coordinación horizontal, esto puede verse como un progreso a partir de un criterio de organización más espontánea.

---

24. Traducción propia de "Since the 1950s, when digital computers were first available as commercial products, to the present day, there has developed an enormous reliance on ICT as a support tool or direct means to implement policy. Through the processes outlined below, vast quantities of data are collected, processed, and presented to decision-makers or immediately used to arrive at conclusions. As digital technology scales up, we move to algorithmic governance. This combines the ideas underpinning governance (coordination, collaboration, networking) with e-government (the use of ICT as a fundamental enabler) and e-governance (combining the role of the state and private sector actors and interests). Its underlying ideology often has its roots in NPM (New Public Management) and DEG (Digital Era Governance), and it is claimed to be the source of significant transformations in the management of modern societies".

11. *Compliance* en IA

En este apartado señalaremos algunas de las controversias más representativas y el desarrollo de legislación para enfrentarlas, a partir de una triple categorización regulativa de la administración pública, propuesta por Bernd W. Wirtz et al. (2018, p. 9): "gobernanza de los sistemas de inteligencia autónomos, responsabilidad y rendición de cuentas, y privacidad/seguridad"[25]. En estas tres categorías se aglutinan los principales principios éticos recabados por Jessica Fjeld et. al. (2020), en el artículo de Harvard de nuestro capítulo sobre ética: 1) la gobernanza de sistemas autónomos contempla el control humano de la tecnología, la protección y seguridad, así como la justicia y no discriminación; 2) la responsabilidad y rendición de cuentas engloba la transparencia y la explicabilidad; 3) La privacidad y protección toman en cuenta dichos principios.

Para dar ejemplos, empezaremos con la gobernanza de sistemas inteligentes autónomos, el caso más claro, además del riesgo discriminatorio en el uso de algoritmos de caja negra, es el uso de armas autónomas. Desde 1600 con el uso de minas antipersonales, luego los cohetes Israeli Harpy o el US Tomahawk Anti-Ship Missile desarrollados en 1990 (Chavannes y Arkhipov-Goya, 2021), hasta el MQ-9 Reaper, un *unmanned aerial vehicle* (UAV) o el *Project Maven,* desarrollo interrumpido entre Google y el Pentágono (BBC, 02/06/2018), se han formulado inquietudes éticas[26] y legislaciones frente a los distintos niveles de autonomía de sistemas

---

25. Traducción propia de "governance of autonomous intelligence systems, responsibility and accountability, and privacy/safety".

26. Un documento importante es el documento de la Cruz Roja de 2019 *Autonomy, artificial intelligence and robotics: Technical aspects of human control,* The International Committee of the Red Cross (ICRC).

bélicos: control directo, semi-autónomo, autónomo-supervisado y completamente autónomo (Chavannes y Arkhipov-Goya, 2021).
Hoy la discusión y desarrollo de regulación apunta a los RAS, *robotic and autonomous systems* y, específicamente, a los LAWS, *lethal autonomous weapons systems*[27]. De los 500 RAS en operación a nivel mundial, se estima que 30% están designados para el uso de la fuerza y, de ese porcentaje, 14% son LAWS, sistemas de ofensiva letal (Chavannes y Arkhipov-Goya, 2021). ¿Qué regula estos sistemas? Entre otras, la *Law of Armed Conflict* de la Convención de Ginebra (1864), también conocida como Derecho Internacional Humanitario *(International Humanitarian Law)* (CRS, 2018) o la norma ISO 8373:2012 "en relación con los robots y dispositivos robóticos que operan tanto en entornos industriales como noindustriales"[28].

En segundo lugar, está la responsabilidad y rendición de cuentas, que consiste en mecanismos de *accountability* que den claridad a los procesos legales. En ese caso, tenemos como ejemplo la creación en 2018, del Consejo asesor de contenido de Facebook *(Oversight Board)*. Un fideicomiso encargado del monitoreo de contenido. Una de sus resoluciones más representativas fue la del 5 de mayo del 2021, en la que sostuvo la decisión de Facebook del 7 de enero de suspender las cuentas de FB e IG de Donald Trump porque, argumentaron "Las publicaciones de Trump durante los disturbios del Capitolio violaron gravemente las normas de Face-

---

27. "Autonomous Weapon Systems (AWS) These are weapon systems that, once activated, can select and engage targets without further intervention by a human operator. This includes human-supervised autonomous weapon systems that can select and engage targets without further human input after activation". (CRS, 2018. p. 3)
28. Traducción propia de "in relation with robots and robotic devices operating in both industrial and non-industrial environments".

book y alentaron y legitimaron la violencia"[29] (@OversightBoard, 2021). En tercer lugar, está la privacidad y protección. Después de escándalos como *Cambridge Analítica*, una filtración de datos de más de 50 millones de usuarios de FB por una empresa que creó perfiles electorales para campañas como la de Trump o la de Brexit (Rosenberg et. al., 2018), aparecieron, entre otras, legislaciones como el GDPR (Reglamento General de Protección de Datos) de la Unión Europea, promulgado en 2016. Para cumplir con este principio ético las empresas u organizaciones transnacionales, se adhieren a distintas legislaciones dependiendo del país en que operen. Por ejemplo, para protección de datos Google sigue leyes nacionales y certificaciones transnacionales. Legalmente cumple, entre otras, la "Lei Geral de Proteção de Dados" (LGPD) de Brasil de 2020. La Ley de Privacidad del Consumidor de California (CCPA) 2020 y el GDPR de la UE. A su vez tiene auditorías regulares de certificaciones como ISO y SSAE18/ISAE 3402. (Google, Compliance, 2021). Con esta triple categorización es menos complejo generar legislación y cumplimiento en materia de IA.

Conclusiones

El presente trabajo intenta poner bases para una comprensión ecosistémica de las disciplinas que protagonizan el desarrollo, uso y regulación de la Inteligencia Artificial: ingeniería, filosofía y derecho. Dichas disciplinas fundamentan respectivamente los enfoques de robustez, ética y legalidad de la "IA confiable", principio regulatorio de la Unión Europea (European Commission High-

---

29. Traducción propia de "Trump's posts during the Capitol riot severely violated Facebook's rules and encouraged and legitimized violence".

Level Expert Group on AI, 2019). La ingeniería se enfoca en el desarrollo tecnológico, que responde a la lógica técnica y económica: el beneficio de crecer y el entusiasmo por el progreso. El Derecho pone un suelo de certeza jurídica y protege la posibilidad de interacciones civilizadas, también basada en una lógica económica de proteger el interés de las partes. La Filosofía y, con mayor precisión, la Ética, observa el entorno tecnológico y busca criterios de evaluación moral, con base no sólo en el interés propio, sino en el bien común y la dignidad individual. Para modelar esta interacción partimos de la introducción a una perspectiva ecosistémica que permita describir las relaciones entre dichas disciplinas y los distintos agentes involucrados en el entorno tecnológico. Esto con la finalidad, en próximos trabajos, de someter a evaluaciones con criterios más orgánicos que estén a la altura de la complejidad y velocidad de los tiempos que corren: la horizontalidad, espontaneidad y adaptación al medio (Velázquez, 2020).

El estado del arte de ingeniería, ética y derecho en IA involucra los siguientes factores: talento, datos, hardware, algoritmos, integración y aplicación. La ética consta de una serie de principios que mantiene a las empresas y organizaciones como comunidades de personas con responsabilidades de tipo preventivo. El derecho distingue dos tipos de regulaciones: interna (v.g. compliance), y externa. La externa se divide en derecho suave (OCDE, UNESCO) y derecho rígido, con poder coactivo (artículos constitucionales nacionales). Aunque históricamente la legislación del desarrollo tecnológico ha sido protagonizada por el músculo jurídico, la velocidad tecnológica, que siempre ha rebasado a la maquinaria del Derecho, ha empujado a una cooperación más cercana con la disciplina ética. Sin embargo, aunque las fuerzas jurídicas utilizan la reflexión ética en el proceso legislativo así como el compliance (como paso obvio para el progreso moral del entorno digital y el uso de IA), no son suficientes para contener todos los riesgos actuales y venideros. Una de las principales razones son las limitaciones de su lógica, generalmente mecánica, y de algunos abogados que mantienen formalismos decimonónicos frente a la complejidad y aceleración del entorno tecnológico actual. Aunque es una caricatura reducir el sistema jurídico a una mera maquinaria (Betanzos, Márquez y González, 2021), que pone candados a la fuerza unidireccionales del interés propio, funciona como analogía para entender sus limitaciones, en contraste con una visión más compleja del fenómeno y una estrategia más orgánica para enfrentarlo. Entendiendo los incentivos y disposiciones de estas disciplinas se crea un suelo de empatía para construir comunidades de diálogo, investigación y regulación, así como centros y áreas interdisciplinarias que desarrollen una IA más responsable. Pero el esfuerzo transdisciplinario debe comenzar desde la educación de ingenieros, abogados y filósofos. El problema es que es raro que hoy se entrene tecnológicamente a los humanistas y éticamente a los desarrolladores de software y analistas de datos. En *The State of Data Science 2020 Moving from hype toward maturity*, del portal Anaconda, se reporta que de 2,300 científicos de datos de más de 100 países entrevistados, sólo 15% respondieron que su equipo está considerando los problemas de sesgos y sólo 18% tomaron cursos de Ética de la IA en la universidad (Anaconda, 2020). Una educación ética lograda detonará reflexión y resistencia ética desde el fundamento de la IA, los ingenieros, generando así un entorno más amigable para todos, desde un comportamiento social atento al otro hasta un aparato jurídico menos punitivo. "Cuando los hombres son amigos [se comportan éticamente] ninguna necesidad hay de justicia" (Aristóteles, 1983, 1155a27-31). Un enfoque ecosistémico de la ética en IA nos ayudará a entender la tecnología en contexto para promover la cooperación entre las partes involucradas en su desarrollo, la regulación de la competencia agresiva y la prevención de la depredación automatizada.

Referencias

Amnesty International, Access Now. (2018). *Toronto Declaration: Protecting the Right to Equality and Non-Discrimination in Machine Learning Systems.* https://www. accessnow.org/cms/assets/uploads/2018/08/The-Toronto-Declaration_ENG_08-2018. Pdf.

Anaconda. (2020). *The State of Data Science 2020 Moving from hype toward maturity,* https://know.anaconda.com/rs/387-XNW-688/images/Anaconda-SODS-Report-2020-Final.pdf.

Aristóteles. (1983). Ética *Nicomaquea.* Gómez Robledo, A. (trad. y com.). UNAM.

Asimov, I. (2017). *Yo, robot.* Edhasa.

Barfield, W. (2021). *The law of algorithms.* Cambridge University Press.

BBC. (2018). Google 'to end' Pentagon Artificial Intelligence project, 02/06/2018. https://www.bbc.com/news/business-44341490.

Betanzos, E., Márquez, U., y González, I. (2021). *La Teoría de la Maquinaria Jurídica.* Tirant lo Blanch.

Bostrom, N. (2017). *Superintelligence: paths, dangers, strategies.* Oxford University Press.

Bevir, M. (2012). *Governance: A Very Short Introduction.* OUP Oxford.

Burrows, M. y Mueller-Kaler, J. (2021). *Scenarios for a Future AI World.* Atlantic Council.

Boege, K. y del Val, E. (2011). Bichos vemos relaciones no sabemos. Diversidad e importancia de las interacciones bióticas, *Ciencias,* 102, pp. 5-11, UNAM.

Crawford, K. (2021). *Atlas of IA. Power, Politics, and the Planetary Costs of Artificial Intelligence.* Yale University Press.

CRS (Congressional Research Service). (2018). *U.S. Ground Forces Robotics and Autonomous Systems (RAS) and Artificial Intelligence (AI):* Considerations for Congress.

Carsten Stahl, B. (2021). *Artificial Intelligence for a Better Future: An Ecosystem Perspective on the Ethics of AI and Em.* Springer Briefs. Research and Innovation Governance.

Dainow, J. (1966). The Civil Law and the Common Law: Some Points of Comparison. *The American Journal of Comparative Law.* 15 (3), p. 419.

Descartes, R. (1967). *Discurso del método*. Olaso E. (trad.). Editorial Sudamericana.

De las Casas, B. (1998). *Apología*. Lozada, A. (Ed.). Alianza Editorial.

Díaz-Rodríguez, N., del Ser, J., Coeckelbergh, M., López de Prado, M., Herrera-Viedma, E. y Herrera, F. (2023). Connecting the dots in trustworthy Artificial Intelligence: From AI principles, ethics, and key requirements to responsible AI systems and regulation. *Information Fusion* 99, 101896. https://doi.org/10.1016/j.inffus.2023.101896.

Diógenes Laercio (1887). *Vida, opiniones y sentencias de los filósofos más ilustres*. Biblioteca Clásica.

DOF (2014). Código nacional de procedimientos penales, Cámara de Diputados. http://www.diputados.gob.mx/LeyesBiblio/pdf/CNPP_190221.pdf.

DOF (2016). Código nacional de procedimientos penales, Cámara de Diputados. http://www.diputados.gob.mx/LeyesBiblio/pdf/CNPP_190221.pdf.

DOF (2016). *Ley General de Responsabilidades Administrativas*, Cámara de diputados. http://www.diputados.gob.mx/LeyesBiblio/pdf/LGRA_200521.pdf.

Elsevier (2018). *Artificial intelligence: how knowledge is created, transferred, and used. Trends in China, Europe, and the United States*. Elsevier.

European Commission High-Level Expert Group on AI C. (2019). *Ethics guidelines for trustworthy AI*.

Enseñat, S. (2016). *Manual de compliance officer. Guía práctica para los responsables de compliance de habla hispana*. Aranzadi.

Garrán Martínez, J. M. (1989). La concepción del préstamo y la usura en los maestros salmantinos Francisco de Vitoria y Domingo Soto. *Anales de estudios económicos y empresariales*, 4, pp. 123-132.

García Máynez, E. (1974). *Introducción al estudio del derecho*. Porrúa.

Google Compliance. (2021). https://business.safety.google/compliance/ Oversight Board, @OversightBoard. (2021, 05, 05). https://twitter.com/status/1389928311174750211?s=1002.

Habermas, J. (2010). El concepto de dignidad humana y la utopía realista de los derechos humanos. *Diánoia*, vol. LV, 64, pp. 3-25.

Hagendorff, T. (2020). The ethics of AI ethics: an evaluation of guidelines. *Minds*. Mach. 30, 99. doi:10.1007/s11023-020-09517-8.

Héder, M. (2020). A criticism of AI ethics guidelines. *Információs Társadalom* XX, no. 4, 57-73. https://dx.doi.org/10.22503/inftars. XX.2020.4.5.

Hetherington, N. S. (1983). Isaac Newton's Influence of Adam Smith's Natural Laws in Economics. *Journal of the History of Ideas*, vol. 44 (3), pp. 497-505.

Hollander, S. (2016). Ethical Utilitarianism and The Theory of Moral Sentiments: Adam Smith in Relation to Hume and Bentham, *Eastern Economic Journal*, Palgrave Macmillan; Eastern Economic Association, vol. 42(4), pp. 557-580.

ICRC, The International Committee of the Red Cross (2019). *Autonomy, artificial intelligence and robotics: Technical aspects of human control*, Geneva.

International Organization for Standardization (2023). ISO/IEC 42001. Information technology - Security techniques - Cybersecurity management systems. - Requirements. ISO.

Kant, I. (1999). *Fundamentación de la metafísica de las costumbres*. Trad. José Mardomingo (edición bilingüe). Ariel.

Kennedy, R. (2020). The rule of law and algorithmic governance. *The law of algorithms*, Cambridge University Press.

KPMG. (2020). *Perspectivas de la Alta Dirección en México*.

MINISTERIO DE HACIENDA; SUBSECRETARÍA DE HACIENDA, Ley 20393. Fecha Publicación: 02-DIC-2009 | Fecha Promulgación: 25-NOV-2009 Última Versión De : 20-JUN-2020 Inicio Vigencia: 20-JUN-2020, Ultima Modificación: 20-JUN-2020 Ley 21240 Url Corta: http://bcn.cl/2ep0o, BOLETÍN OFICIAL DEL ESTADO (2010), Núm. 152, Sec. I. Pág. 54811. Ministerio de Hacienda (2009), LEY 20393, Chile. https://www.bcn.cl/leychile/navegar?idNorma=1008668

Mitchell, M. (2021). *Why AI is Harder Than We Think*. ArXiv:2104.12871 [Cs]. http://arxiv.org/abs/2104.12871.

Mill, J. S., y Piest, O. (1957). *Utilitarianism*. Bobbs-Merrill.

Musk, E., @elonmusk, (2014, 08, 3, 2:18PM). https://twitter.com/elonmusk/status/496012177103663104?lang=en

NSCAI (2021). *Final Report*, Washington D.C. https://www.nscai. gov/2021-final-report/.

Oh, D-S., Phillips, F., Park, S., y Lee, E. (2016). Innovation ecosystems: a critical examination. *Technovation* 54, pp. 1-6. https://doi. org/10.1016/j.technovation.2016.02.004

ISO. 37301:2021, https://www.iso.org/standard/75080.html.

OCDE. (2007). Roadmap for the accession of Chile to the OECD Convention. Recuperado de https://www.oecd.org/legal/41463062.pdf.

OCDE. (1997). *Convención para combatir el cohecho de servidores públicos extranjeros en transacciones comerciales internacionales.*

ONU. (1948). *Declaración universal de derechos humanos*, Asamblea General de las Naciones Unidas.

Oracle. (2020). Enterprise Governance, Risk and Compliance, Release notes. Oracle.com, Recuperado de: https://docs.oracle.com/applications/grc866/doc.866/f29572.pdf.

Pabón de Urbina, José M. (1998). *Diccionario Griego-Español*. Vox., p. 9.

Piaget, J. (1991). *Seis estudios de psicología*. Colección Labor nueva serie 2. Ed. Labor S.A.

Platón. (1992). *República*. Eggers Lan, C. (trad.). Gredos.

Platón. (1999). *Leyes*. Lisi, F. (trad.). Gredos.

RAE. (2021). *Diccionario de la lengua española*, 23.ª ed., [versión 23.4 en línea]. https://dle.rae.es [13/05/21]. RAE (2018), Boletín de información lingüística de la RAE, No. 7, 2018, p.4.

Random House Unabridged Dictionary. (2006). Random House, Inc. 2006.

Rosenberg, M., Confessore, N. y Cadwalladr, C. (2018). *La empresa que explotó millones de datos de usuarios de Facebook*, New York Times, 20/03/2018. https://www.nytimes.com/es/2018/03/20/espanol/cambridge-analytica-facebook.html

Russell, S. J. y Norvig, P. (2009). *Artificial Intelligence: A Modern Approach* (3rd ed.). Upper Saddle River. Prentice Hall.

Senado chileno (2020). *Defensa de los neuroderechos: una tarea para los parlamentos a nivel global*, comunicado de prensa, 7 de octubre de 2020. https://www.senado.cl/defensa-de-los-neuroderechos-una-tarea-para-los-parlamentos-a-nivel-global/senado/2020-10-07/132033.html.

Scott L. M. (2007). GRC360. A framework to help organisations dri-
    ve principled performance, *International Journal of Disclosure and
    Governance*, 4 (4), pp. 279-296, https://link.springer.com/arti-
    cle/10.1007/s10796-015-9572-3.

Smith, A. (1994). *An Inquiry into the Nature and Causes of the Wealth of
    Nations* (1776). Glasgow Edition of the Works and Correspondence
    of Adam Smith, Liberty Fund Inc.

Smith, A. (1987). *The Theory of Moral Sentiments* (1759). Glasgow Edi-
    tion of the Works and Correspondence of Adam Smith, vol.1, Li-
    berty Fund Inc.

Smith, A. (1982). *Lectures on Jurisprudence* (1762-1763). Glasgow Edi-
    tion of the Works and Correspondence of Adam Smith, Liberty
    Fund Inc.

Sófocles. (2010). *Antígona*. Alamillo, A. (trad. y notas). Gredos.

The White House Office of Science and Technology Policy. (2022).
    Blueprint for an AI Bill of Rights: Making Automated Systems
    Work for the American People. [Online] Available at: https://www.
    whitehouse.gov/ostp/ai-bill-of-rights/ [Accessed 25 Apr. 2024].

Tansley, A. (1935). The Use and Abuse of Vegetational Concepts and
    Terms. *Ecology*, 16 (3), pp. 284-307.

Villoro Toranzo, M. (2005). *Introducción al estudio del Derecho*. Porrúa.

Taplin, J. (2017). *Move Fast and Break Things: How Facebook, Google,
    and Amazon Have Cornered Culture and What It Means For All Of
    Us*. Macmillan.

UN Human Rights Committee. (1993). *Vienna Declaration and Pro-
    gramme of Actio*n, http://www.ohchr.org/EN/ProfessionalInterest/
    Pages/Vienna.aspx

Vermeulen, E., Fenwick, M., y Kaal, W. (2017). Regulation tomorrow:
    What happens when technology is faster than the law. *American
    University Business Law Review*, 6(3), pp. 561-594. http://www.au-
    blr.org/wp-content/uploads/2018/02/aublr_6n3_text_low.pdf.

Velázquez, H. (2020). *¿Qué es la naturaleza? Introducción filosófica a la
    historia de la ciencia*. Porrúa.

Vizard, P. (2000). *Antecedents of the idea of human rights: a survey of
    perspectives*, Human Development Report 2000, Background Pa-
    per, UNDP.

West, H. R. (2004). *An Introduction to Mill's Utilitarian Ethics*. Cambridge University Press.

Wirtz, B. W., Weyerer, J. C., y Geyer, C. (2018). Artificial Intelligence and the Public Sector— Applications and Challenges. *International Journal of Public Administration*, 7, pp. 596-615.

Yu, H. y Robinson, D. G. (2012). The New Ambiguity of "Open Government". 59 UCLA L. *Rev. Disc.* 178.

Capítulo 4
Agentes conversacionales e inteligencia híbrida[1]

Carlos César Jiménez

Introducción

En *Computing Machinery and Intelligence* (1950), Alan Turing decidió afrontar la inquietante pregunta "¿pueden las máquinas pensar?" reemplazándola por un desafío imaginario: ¿podemos concebir a una computadora digital capaz de participar en un diálogo con un humano incitándole a creer que está conversando con otro humano y no con una computadora? Este reto o *juego de la imitación* –con algunas restricciones básicas para su implementación– ha llegado a conocerse como la *prueba* o *test de Turing*.

Durante siete décadas la prueba de Turing ha generado una gran diversidad de proyectos tecnológicos y debates filosóficos[2]. Incluso la definición misma de *Inteligencia Artificial*, o mejor dicho,

---

1. Este ensayo se ha basado, en buena medida, en una síntesis de los trabajos de investigación que fueron realizados en el marco de la Cátedra de Investigación IN5-02/VIASC-501 "Estructuras Dinámicas del Significado" de la Facultad de Estudios Superiores Cuautitlán, UNAM (2006-2009).
2. Entre los más famosos debates filosóficos ligados al *Test de Turing*, encontramos el abierto por el experimento mental de "La habitación China" formulado por J. Searle (1980) en *Minds, brains, and programs*.

la pretensión de precisar o acotar a qué nos referimos cuando usamos dicha frase ha sido impactada por la prueba[3]. Las restricciones y supuestos del *test* han inducido, tanto en los proyectos como en los debates, a sesgos significativos que vale la pena cuestionar. Así pues, en las próximas páginas, llevaremos a cabo un ejercicio crítico en dicha tesitura. Para hacerlo, además de dar un vistazo a la propuesta original de Turing, creemos que puede ser fructífero: (1) tener en cuenta el desarrollo y empleo que efectivamente han tenido los *chatbots* o *agentes conversacionales*; (2) considerar algunas prácticas de evaluación de la competencia lectora en seres humanos, pautadas por las filosofías del lenguaje de Ludwig Wittgenstein y Donald Davidson; (3) y apelar a la noción contemporánea de *Inteligencia Híbrida*.

1. El *Test de Turing*. Restricciones y supuestos

En la primera descripción del *juego de la imitación* formulado por Turing hay tres agentes involucrados. Uno de ellos es un interrogador (*C*) y los otros dos son: un hombre (*A*) y una mujer (*B*). La intención del juego es que C determine quién es el hombre y quién es la mujer al formularles preguntas. *A* responde a las preguntas con la intención de engañar al interrogador y *B* con la intención de ayudarle.

El interrogador –cuya identidad genérica se considera irrelevante– se encuentra en un cuarto distinto a los interrogados y las preguntas se formulan mediante un teletipo, o con el apoyo de un intermediario, de tal manera que *C* no tenga acceso a ningún tipo de información sensorial producida por los agentes que ayude a su identificación (por ejemplo; timbre de voz, caligrafía, apariencia,

---

3. Levesque (2017) ofrece una amena introducción a estas cuestiones.

aroma, etc.). La única evidencia a la que el interrogador accede es a una representación restringida de las expresiones lingüísticas producidas por **A** y **B** como *secuencias alfabéticas.*

En la descripción final, se sustituye al agente *A* –cuyo objetivo es engañar a *C*– por una computadora digital. Turing se pregunta entonces si *C* seguirá acertando o fallando con la misma frecuencia al identificar a su interlocutor.

¿Qué restricciones y supuestos no tan obvios encontramos en esta situación? Comenzando con algunos poco polémicos, tenemos: (a) la eliminación de la multimodalidad en la comunicación; (b) proponer cómo objetivo de la interacción, la resolución de un problema de clasificación de objetos, a partir de propiedades indeterminadas (y probablemente vagas), en la que los mismos agentes involucrados en el proceso fungen como objetos; (c) asumir que en los diálogos la función referencial[4] de las expresiones tiene primacía sobre otras.

En lo que concierne a cuestiones más álgidas podríamos destacar: (d) libertad temática total en las conversaciones; (e) otorgar a la computadora digital el rol de un agente cuyo objetivo es el engaño, en lugar de la colaboración; (f) enfatizar el rol de las computadoras digitales como sustitutos de agentes humanos.

Los incisos (a), (e) y (f) chocan directamente con el paradigma de *Inteligencia Híbrida,* que será descrito en el penúltimo apartado. La noción wittgensteineana de *juegos de lenguaje,* descrita en el apartado 4, nos permitirá apreciar el carácter problemático de (c) y (d). El inciso (b) lo hemos eludido por completo, pues su abordaje ameritaría una extensa discusión técnica, que además discreparía notablemente con el enfoque panorámico adoptado en las páginas subsecuentes.

Ahora bien, tras haber realizado una presentación esquemática del *juego de la imitación* y como antesala a la presentación del pa-

---

4. En el sentido propuesto por el lingüista Roman Jakobson.

radigma de **IH** y la exploración de la noción de *juego de lenguaje,* consideramos conveniente dar un vistazo al *chatbot* más famoso de la historia (y no se llama Alexa o Siri).

1.1. *Eliza y sus herederos*

Una gran diversidad de *chatbots* han sido programados tras la formulación del desafío de Turing. Sin duda, el primero en alcanzar la fama fue **ELIZA**, diseñado por Joseph Weizenbaum (1966). A grandes rasgos, la metodología subyacente a dicho agente conversacional consiste en hacer una *búsqueda de patrones* (*pattern matching*) en las expresiones de lenguaje natural que el usuario brinda, para efectuar después algunas transformaciones y sustituciones en ciertos esquemas oracionales. Las pautas para llevar a cabo dichos procesos e interactuar con el usuario quedan consignadas en un *guion* (*script*). El guion más popular empleado por **ELIZA** se llama **DOCTOR** y simula a un terapeuta rogeriano.

En seguida, presentamos un ejemplo de una interacción con **ELIZA** –proporcionado directamente por Weizenbaum, usando dicho guion. Las respuestas de **ELIZA** están escritas en mayúsculas y la traducción al español es nuestra:

Todos los hombres son iguales
EN QUÉ SENTIDO
Siempre están molestándonos por una cosa u otra
PUEDES PENSAR EN UN EJEMPLO ESPECÍFICO
Bueno, mi novio me hizo venir aquí
TU NOVIO TE HIZO VENIR AQUÍ
Dice que estoy deprimida mucho tiempo
LAMENTO ESCUCHAR QUE ESTÁS DEPRIMIDA
Es verdad. Soy infeliz
CREES QUE VENIR AQUÍ TE AYUDARÁ A QUE NO SEAS
INFELIZ

Necesito ayuda, al menos eso parece seguro
QUÉ SIGNIFICARÍA PARA TI EL CONSEGUIR AYUDA
Tal vez podría aprender a llevarme bien con mi madre
CUÉNTAME MÁS DE TU FAMILIA

Este diálogo resulta sorprendente tanto por su "naturalidad", como por la ingeniosa sencillez algorítmica que subyace a su generación. Se minimiza, en ocasiones, los efectos inducidos en el sistema por la selección del contexto comunicativo terapéutico, pero en este acotamiento *pragmático-semántico* reside justo una de sus mayores virtudes. Todas nuestras interacciones verbales están situadas y se encuentran "naturalmente acotadas". Es verdad que ocasionalmente divagamos saltando de uno a otro tema al dialogar, pero incluso en esos casos, digamos en una fiesta, hay pautas socio-culturalmente definidas e intenciones guía. La "naturalidad" de un diálogo con **ELIZA** contrasta con la "artificiosidad" del *juego de la imitación*. ¿A quién, que no tenga un interés profesional en estos temas, le importa descubrir la identidad de dos personajes misteriosos que sólo se comunican con mensajes de texto?[5] ¿Cuántas personas, por el contrario, desean dialogar sobre sus inquietudes emocionales?[6]

No es extraño que los *chatbots* contemporáneos más apreciados en la industria parecerían ser los herederos de **ELIZA**, especializados y un tanto parcos, más que los elocuentes charlatanes ganadores del premio Loebner –aunque todos exhiban importantes *parecidos de familia*.

---

5. Por supuesto, en nuestro actual contexto podríamos imaginar situaciones en donde alguien está siendo engañado vía mensajes de texto y desea descubrirlo, pero la cuestión clave es que tal re-descripción estaría induciendo intereses, pautas y expectativas más "naturales" a las del *juego de la imitación*.
6. Para una propuesta sobre la relevancia contemporánea de ELIZA se puede consultar Basset, C. (2019).

2. Atribuciones de competencia e interpretación

Saber si lo que hemos dicho ha sido comprendido o si hemos comprendido lo que alguien más ha expresado no es un tema de **IA**, pero la manera en que enfocamos dichas cuestiones sí que puede arrojar luz sobre algunos debates sobre los sistemas de **IA** y, en particular, sobre el diseño y uso de agentes conversacionales –independientemente de lo inútil, engañoso o incluso pernicioso de calificar a muchos de ellos como "inteligentes"[7]. Correlativamente, algunos agentes conversacionales –inteligentemente diseñados– pueden ser herramientas muy útiles para estudiar de manera sistemática el procesamiento del lenguaje.

Atribuir *comprensión, competencia lingüística* o determinados *niveles de inteligencia* a un agente a partir de la evidencia lingüística que éste nos proporciona tras haber recibido de nuestra parte información análoga, es una apuesta teórica; un proceso hermenéutico. Siguiendo de manera un poco panfletaria la filosofía del lenguaje de Donald Davidson (2001) y Stokhof (2002), podríamos afirmar que estamos *interpretando* todo el tiempo a los que, de algún modo, suponemos semejantes (o no tan semejantes) a nosotros. Podríamos aseverar, con un poco de grandilocuencia, que *proyectamos* sobre ellos la estructura de nuestra racionalidad para otorgar sentido a lo que nos dicen[8].

Teniendo lo anterior en cuenta, consideremos una situación relevante que guarda cierto parecido de familia con el *juego de la*

---

7. Es importante recordar que así como Turing nunca pretendió definir qué era la "Inteligencia" y mucho menos la "Inteligencia Artificial", J. Weizenbaum, el autor de ELIZA, consideraba delirante la recepción e interpretación popular que tuvo su programa (véase Weizenbaum, 1976).

8. La película *Being there* (1979), basada en la novela homónima de Jerzy, Kosiński, presenta un divertido caso que ilustra este proceso. Agradezco a Raymundo Morado esta referencia.

imitación; a saber, la evaluación escrita de la competencia lectora de un agente humano. Este procedimiento se lleva a cabo con frecuencia en diversas instituciones académicas, en lenguas nativas y extranjeras. A grandes rasgos el procedimiento de evaluación consiste en lo siguiente: (1) a la persona que será evaluada se le proporciona un *texto fuente* que deberá leer y comprender; (2) se le proporcionan un conjunto de ejercicios o *reactivos* a los que deberá responder; estos pueden tener la forma de "preguntas cerradas" o "abiertas", pero además de estos dos tipos de preguntas existen una amplia variedad de técnicas para obtener evidencia que respalde la comprensión o (in)comprensión del texto fuente; (3) se contrastan las respuestas ofrecidas conforme a una clave de respuestas y se les asigna un puntaje a partir del cual se atribuye competencia lectora.

Texto fuente y reactivos conforman un *instrumento de evaluación* que se aplica en una *situación de examen*; esto es, la persona cuya competencia se quiere determinar y el evaluador usan el instrumento para interactuar bajo condiciones bastante restringidas y jugando roles específicos. Si el instrumento y el protocolo de aplicación están bien diseñados, responder aleatoriamente no permitirá aprobar el examen, tampoco se aprobará si el evaluado no cuenta con la competencia lingüística suficiente o si el texto fuente no fue "leído y comprendido". Pero, he aquí el meollo del asunto, ¿qué es lo que garantiza puntualmente al evaluador que ha tenido lugar dicha lectura y comprensión? ¿Análogamente, hay algo que garantice al interrogador en el *juego de la imitación* que sus expresiones verbales están siendo "comprendidas"?

En el caso de la evaluación de la comprensión lectora, la garantía está distribuida en una multiplicidad de reactivos de complejidad diversa. En los casos más simples el procesamiento esperado por parte del lector, puede consistir en una búsqueda de patrones sintácticos y una sustitución en esquemas oracionales; algo similar a lo realizado por **ELIZA**.

En otros casos se verifica el conocimiento de equivalencias léxicas, la realización de inferencias lógicas sencillas o la resolución de vínculos anafóricos y catafóricos inherentes a expresiones tales como pronombres o frases nominales. Se considera también el reconocimiento de diversos actos de habla y la interpretación de procesos metalingüísticos.

La complejidad del texto fuente y las tareas de procesamiento codificadas en los reactivos, son elegidas en función del nivel de competencia que se pretende evaluar. No se requiere, sin embargo, que la evidencia textual producida por la persona evaluada sea igualmente compleja.

Es factible imaginar –y elaborar–, diferentes algoritmos para ofrecer respuestas automáticas aceptables para distintos tipos de reactivos (aunque quizá no para todos). Análogamente es viable construir agentes conversacionales que, recurriendo a diferentes técnicas de procesamiento del lenguaje, podrían tener un mejor o peor desempeño ante diferentes clases de estímulos verbales en *interacciones acotadas*. A su vez tales respuestas podrían recibir interpretaciones favorables o desfavorables de parte de un evaluador o interrogador en función de los fines que éste persiga, sin necesidad de comprometerse con atribuciones generalizadas de "comprensión", "competencia lingüística", "inteligencia", "conciencia" o "humanidad"; por ejemplo, para identificar que un evaluado se encuentra en una determinada etapa del proceso de adquisición de una lengua extranjera basta que sea capaz de discriminar entre pronombres y otro tipo de expresiones, o quizá que sea capaz de identificar expresiones numéricas o un conjunto pequeño de sustantivos y sus principales equivalencias semánticas. Todo esto ocurre en ámbitos discursivos específicos. Para muy pocos fines se requiere que un agente conversacional (o una persona), pueda conducirse con la misma soltura al hablar de aritmética, literatura británica y ajedrez[9].

En general, resulta muy poco eficaz y confiable hacer evaluaciones vagas de la competencia lectora a partir de preguntas formuladas, azarosa y espontáneamente, por un interrogador lingüísticamente competente pero ignorante de los procesos subyacentes al procesamiento de lenguaje. Si por alguna buena razón se decide proceder así en una evaluación, cabría recordar que, al igual que el conocimiento y la pericia, la ignorancia se manifiesta en una multiplicidad de grados y facetas: ¿no sería pertinente pues contar al menos con una idea somera de tal dimensión del perfil de los diseñadores de instrumentos y protocolos de evaluación de la competencia lectora? Análogamente ¿no sería conveniente tener esto mismo en cuenta al elegir a los interrogadores –actuales o imaginarios– para el *juego de la imitación*?[10].

Por otra parte, toda interacción conversacional –incluso las de corte más intelectual referidas por Turing–, es situada y conlleva cierta estructura praxeológica y normatividad; como atinadamente lo ha señalado Rietveld (2008), siguiendo a Wittgenstein, encontramos normatividad incluso en los casos en los que no existe deliberación explícita. Esto en buena medida está fuertemente condicionado por las características del entorno y los agentes en cuestión (véase Rietveld y Keverstein, 2014); esto es, por *formas de vida*.

9. Según la segunda sección del artículo clásico de Turing (1950), la capacidad de referirse conversacionalmente a este tipo de ámbitos ejemplifica el cómo distinguir entre las capacidades físicas e intelectuales del ser humano, aunque no se demuestre pericia en ellos. Actualmente, es probable que la mayoría de nosotros consideraríamos dichos ejemplos sesgados en extremo.

10. En su evaluación del *Test de Turing* y la competencia Loebner, Floridi, Taddeo y Turilli (2009) señalan cómo un interrogador entrenado que formule a un chatbot preguntas con el nivel de complejidad adecuado podría discriminar fácilmente entre agentes humanos y no-humanos tras escasas interacciones.

3. Guiones para *juegos de lenguaje*

En las *Investigaciones Filosóficas* (PU)[11], publicación póstuma de Ludwig Wittgenstein, editada por primera vez en 1953, se desarrolla una influyente concepción del lenguaje que contrasta con aquellas en dónde la referencia –digamos contemplativa–, a los objetos del entorno tiene preminencia, o aquellas en las que el término *lenguaje* denota meramente un objeto abstracto, típicamente un conjunto infinito de secuencias finitas construidas mediante reglas recursivas a partir de un alfabeto finito[12].

Entre las diversas nociones propuestas por Wittgenstein que resultan relevantes para nuestra reconsideración contemporánea de los agentes conversacionales y el desarrollo de sistemas híbridos destacan las nociones correlativas de *juego de lenguaje* (*Sprachspiele*) y *forma de vida* (*Lebensform*). Con la primera frase, el filósofo austríaco refiere a un entramado de palabras y acciones que, en cierto modo, conforman una totalidad (PU §7); mientras que, una multiplicidad entreverada e indeterminada de dichos juegos en renovación constante expresa una forma de vida (PU §23).

Para que lo anterior resulte más claro recurramos a uno de los primeros ejemplos de un juego de lenguaje descrito por Wittgenstein: un albañil (**A**) y su ayudante (**B**) que al estar trabajando usan las palabras *cubo, pilar, losa* y *viga*. En este experimento mental

---

11. En lo subsecuente para facilitar la referencia a las secciones relevantes de las Investigaciones Filosóficas (y sus diversas traducciones) emplearemos la notación canónica usada por los especialistas en la obra de Wittgenstein que consiste en usar las letras PU (por *Philosophischen Untersuchungen*) y el número de sección asignado por los primeros editores.

12. Es posible leer el influyente manuscrito *Syntactic Structures* (1957) de Noam Chomsky con dicho énfasis, aunque es claro que las formulaciones recursivas tienen precedencia y un lugar destacado en el trabajo de lógicos tales como Alfred Tarski (1935).

no se usan más palabras. Cuando **A** grita alguna de las palabras mencionadas, **B** le lleva al primero, según sea el caso, un cubo, un pilar, una losa o una viga. Hay un *inter-actuar* que no se reduce al referir, pero además el rol que juega cada uno de los involucrados en este quehacer es distinto. El entorno en el que se encuentran los agentes, sus metas, necesidades y peculiaridades restringen los cursos de acción posibles. Por supuesto, podemos imaginar casos mucho más complejos e involucrar a más de dos agentes. Ahora bien, la pericia que cada uno de ellos despliegue para usar expresiones lingüísticas apropiadamente en dichas situaciones no resultará equiparable a la *competencia lingüística* de un *hablante/oyente ideal* –capturable mediante un sistema de reglas[13]–, para producir o interpretar secuencias finitas de los elementos de un alfabeto finito, en cualquier contexto de interacción posible (Véase Chomsky, 1966). De hecho, desde hace décadas algunas investigaciones empíricas han sugerido que puede ser mucho más fructífero recurrir a una noción de *competencia lingüística distribuida* y a textualidades emergentes que, en conjunción con determinadas acciones, son irreductibles a géneros discursivos clásicos (véase, e.g. Hengst y Miller, 1999; Bhatia, 2004, 2010)[14].

Un agente conversacional podría funcionar de manera efectiva en un *juego de lenguaje* simple sin necesidad de comprender o llevar a cabo un sofisticado procesamiento de las expresiones lingüísticas que forman parte de dicho juego. No es difícil imaginar tales

---

13. Podría señalarse que el paradigma contemporáneo de Machine Learning permite superar las limitaciones del modelado de la *competencia lingüística* mediante reglas: Es probable aunque discutible. No obstante, la cuestión de fondo no es dicho modelado, sino la pertinencia de la noción tradicional de competencia lingüística (Véase, Stokhof, 2002).

14. Los decantamientos escritos que resultan del *juego de la imitación* constituyen un género discursivo híbrido y emergente.

casos. Me parece que podemos ubicar también fácilmente casos de interacciones humanas en las que ninguno de los involucrados habla el "mismo lenguaje" y, sin embargo, la situación se desarrolla conforme a una especie de protocolo tácito; por ejemplo, procesos sencillos de compra-venta, en un bazar, en un restaurante de comida rápida, etc.

Hay otro tipo de prácticas lingüísticas, o *juegos de lenguaje*, donde las palabras ocupan un lugar preponderante y requieren un procesamiento especialmente cuidadoso, dados sus *efectos perlocutivos*, aunque los protocolos de interacción y esquemas oracionales usados en ellas no parezcan especialmente complejos; esto es, debido al impacto que la dinámica del juego podría tener para los involucrados.

Los diálogos terapéuticos, ilustrados por **ELIZA** son un caso paradigmático; o recientemente, podemos pensar en las propuestas que durante la pandemia del COVID-19 fueron formuladas para apoyar con *chatbots* a los empleados de diferentes organizaciones en la resolución de dudas sobre prácticas de auto-cuidado, gestión del estrés y conflictos interpersonales en sus organizaciones[15]. ¿Hay protocolos o guiones esquemáticos para afrontar este tipo de situaciones? Sin duda. Pensemos en dos *juegos de lenguaje* con los que quizá no estamos familiarizados y que son algo extremos en sus consecuencias: las líneas de emergencia para prevención del suicidio y las tácticas de negociación con secuestradores o terroristas. ¿Cómo afrontan los especialistas estos casos?[16] ¿Siguen

---

15. Véase, por ejemplo, el *Estudio AI@Work 2020* de Oracle y los diferentes documentos que esta organización generó en torno a dicho estudio.

16. Considérese, por ejemplo, la propuesta de Chris Voss (2016), antiguo negociador del FBI experto en rescate de rehenes. Lejos de lo que los neófitos podríamos esperar, el protocolo de Voss no recurre fundamentalmente al engaño o la simulación; por lo contrario apela a un conducirse que él denomina *empatía táctica*. Análogamente, Marshall Rosenberg (2003) ha decantado un

algún *guion infalible* o por lo menos alguno con bajos niveles de falibilidad? ¿Hay *patrones discursivos* sistemáticos en las interacciones exitosas de este tipo, susceptibles de ser programados en algún agente conversacional para brindar respaldo a quienes se encuentren involucrados en estas situaciones? ¿Existen *parecidos de familia* entre estos *juegos de lenguaje* y otros menos dramáticos –por ejemplo las negociaciones empresariales–, a los cuáles se pudiesen transferir los patrones de interacción, de manera análoga a cómo los especialistas en redes neuronales transfieren los aprendizajes que se han dado en un contexto para ser usados en otro contexto?

No estamos aseverando que desarrollar agentes conversacionales para estos contextos sea mucho más simple que programar *chatbots* para superar el artificioso *juego de la imitación;* sino que convendría abandonar, o relegar a un segundo plano al menos, la pretensión de hacer programas que sean conversacionalmente competentes para todo contexto (y al final para ninguno).

4. Inteligencia Híbrida

El *juego de la imitación* nos incitó a concebir sistemas –pomposa y equívocamente etiquetados como "inteligentes"[17]– para

protocolo, aplicable a diversos contextos con ajustes a veces no tan sencillos, a partir de su experiencia en la resolución de conflictos. Una gran diversidad de autores han elaborado propuestas análogas tras reflexionar sobre su participaciones en *juegos de lenguaje* similares.

17.   Pues, como lo mostró Weizenbaum en 1966 y como lo han hecho tantos otros desarrolladores a lo largo de varias décadas es factible diseñar guiones sencillos para facilitar interacciones fructíferas, pero sobre todo para engañar a otros: en particular, en la última década (2010 – 2020) se han documentado muchos casos de "*bots* malintencionados" en las plataformas conocidas como "redes sociales" (*Twitter, Facebook,* etc.). Lo relevante para el éxito de tales desarrollos no ha sido el uso de sofisticadas técnicas de Inteligencia Artificial

reemplazar y *engañar* a los seres humanos en algunos contextos conversacionales. De manera poco afortunada, esta pauta de *simulación opaca* y *sustitución de agentes humanos* se extendió más allá del diseño de *chatbots*.

No obstante, si enfocamos el desarrollo de sistemas y procesos desde una perspectiva en la que la relación *humano-máquina* se construya a partir de la *transparencia* y la *búsqueda de sinergias* reconociendo las peculiaridades de cada uno de los agentes involucrados en un *quehacer situado* particular, el panorama cambia significativamente. *Inteligencia Híbrida* (**IH**) es la noción clave que podría pautar la elaboración de proyectos así.

Los investigadores de diferentes latitudes, especialmente europeos, han caracterizado a la **IH** como la combinación de la inteligencia de humanos y máquinas para aumentar el intelecto y las capacidades (de ambos) en lugar de reemplazarlas, logrando con ello alcanzar metas inasequibles para los humanos o las máquinas por separado (Akata, 2020). De hecho, al interior del paradigma **IH**, algunos autores sugieren que sería más apropiado concebir a los sistemas de **IA** como *prótesis cognitivas* y no como "máquinas inteligentes".

Las agendas de investigación y desarrollo de **IH** publicadas hasta el 2020 son diversas. Una de las más concisas, formulada en los Países Bajos (Akata, 2020), presenta cuatro desafíos que sería conveniente afrontasen las investigaciones y los desarrollos actuales en **IA**, en su integración al nuevo paradigma –*Colaboración, Adaptabilidad, Responsabilidad* y *Explicabilidad* (**CARE**). Ello impacta, sin duda, a los agentes conversacionales. ¿En qué consiste

(IA), sino una explotación elemental de nuestras pasiones tribales y nuestra "estupidez natural"; en otras palabras, el aprovechamiento malintencionado con programas, en ocasiones triviales, de nuestros sesgos cognitivos. Para saber más sobre dichos sesgos, véase, e.g. el trabajo, clásico ya, de autores como Amos Tversky y Daniel Kanheman.

cada desafío? Lo explicaremos en seguida deteniéndonos un poco más en el primero.

4.1. *Colaboración*

La colaboración en **IH** conlleva una discriminación de las *fortalezas* y *debilidades* de cada uno de los agentes, humanos y no-humanos, que, involucrados en una práctica específica, conforman un *sistema híbrido*. En algunos casos –sin necesidad de atribuir "inteligencia"– es fácil hacer tal discriminación, pero en otros hay controversia.

Actualmente, una computadora digital puede hacer cálculos aritméticos con mucha mayor rapidez que cualquier humano, aunque si se trata de demostrar ciertos teoremas aritméticos probablemente algunos seres humanos tengan más agilidad y pericia[18]. Identificar con precisión a gatos en dibujos y fotografías no es una tarea especialmente ardua para un humano; en ello el desempeño de una máquina podría no ser tan bueno, incluso recurriendo a sofisticadas técnicas de *aprendizaje profundo* (*deep learning*).

No obstante, si hablamos de la identificación de tumores en radiografías, la cuestión se vuelve polémica. En ese mismo tenor, cuando se requiere efectuar un buen cálculo de probabilidades, nuestros sesgos suelen arruinar muchas de nuestras decisiones

---

18. La *demostración automática* de teoremas presenta retos que atañen tanto a la compleción y decidibilidad de los sistemas lógico-deductivos como a su tratabilidad. Contar con una inmensa base de datos en donde se recopilasen los teoremas ya demostrados para no tener que volverlos a demostrar, entraña el reto de agilizar las búsquedas en dicha base y no es algo trivial; véase, Hernández-Quiróz (2022). La *demostración interactiva* usando asistentes computacionales es otro cantar.

–haciendo la suerte[19] a un lado. ¿Qué sucede cuándo se trata de jugar ajedrez o reconocer las emociones de un ser humano a partir de su gestualidad y expresiones verbales para manifestarle empatía? ¿Nos convendría contar en tales casos con *protesis cognitivas*?

Por otra parte, es importante señalar que la colaboración humana con sistemas de **IA** –o dicho con otro sesgo, el recurrir en una *práctica integrativa* (Schatzki, 1996) a sistemas de cómputo etiquetados como sistemas de **IA**– no significa descartar a *priori* las *prácticas adversariales*[20]. De hecho, este tipo de prácticas, en casos específicos, pueden ser bastante fructíferas; pensemos, por ejemplo, en los procesos argumentales[21] y en la evaluación conjunta de riesgos para tomar mejores decisiones.

Sobre la mesa quedan puestas también, en este rubro, las indagaciones sobre multi-agencia y la modelación que suele hacerse con lógicas epistémicas de la atribución de actitudes proposicionales (creencias, conocimiento común, estados mentales, etc.); esto es, lo que un agente considera que otros agentes consideran, creen, saben, suponen, etc. –formulaciones que algunos autores denominan *teorías de la mente* (**ToM**), en sentido restringido (véase Weerd et. al., 2013). Cabe destacar aquí que parte del andamiaje lógico-matemático empleado con mayor frecuen-

---

19. El detallado análisis filosófico de Barceló (2019) sobre la suerte resulta muy relevante para afrontar estas cuestiones.

20. En la conceptualización hecha por Schatzki (1996) estas prácticas, en algunos casos, podrían considerarse *dispersas* y en otros *integrativas*. Ambas nociones están directamente vinculadas con el concepto wittgensteineano de *juegos de lenguaje*; las *prácticas integrativas* y las *prácticas dispersas* son dos clases de *juegos de lenguaje*.

21. Véase, por ejemplo, la interesante perspectiva sobre los aspectos dialógicos y adversariales de la deducción elaborada en la última década por Catarina Dutilh Novaes (2015).

cia (a saber, marcos de Kripke), es el mismo que algunos autores han usado para modelar el *cómputo distribuido* (véase Herlihy et al, 2014). ¿Significa esto que resultará viable en un corto plazo contar con un marco lógico-matemático para describir adecuadamente la dinámica de sistemas híbridos multi-agente? No contamos con una respuesta definitiva, pero parecería haber buenas razones para ser optimistas[22].

Con independencia de la plausibilidad de contar o no con un enfoque lógico-matemático integral, el desafío de la colaboración entre agentes humanos y no-humanos requiere que prestemos mucho mayor atención a nuestras *dinámicas de interacción* y a la *dimensión multimodal*[23] de nuestra comunicación. En lo que concierne a los agentes conversacionales, esto requiere trascender decididamente la restricción a secuencias alfabéticas establecida por Turing al describir el *juego de la imitación*; se sabe que la gestualidad concomitante, los patrones de entonación, el volumen de la voz, las pausas, la distribución de grafemas en un espacio, etcétera, pueden afectar drásticamente el sentido de una expresión lingüística.

22. Afirmación que probablemente ilustra bien lo que es un sesgo cognitivo: no obstante, propuestas formales como las elaboradas por investigadores como D. Spivak (2021) del MIT recurriendo a la Teoría de Categorías parecen promisorias.
23. Para anular algunos de los sesgos propios de las atribuciones acríticas de inteligencia que hemos estado cuestionando sería preferible recurrir a expresiones menos glamorosas como "sistemas algorítmicos", "sistemas digitales" o "sistemas de cómputo"; a los mercadólogos les da lo mismo etiquetar como "inteligente" a una lavadora que ajusta los niveles de agua en función de un sensor de peso, a una pulsera que mide tu pulso cardíaco, o a un "asistente virtual" que te informa qué compromisos tienes registrados en tu agenda y sube o baja el nivel de amplificación del sonido de un reproductor digital de canciones al reconocer la secuencia de una palabra seguida por un numeral expresada con tu voz: "Volumen, siete".

La cuestión desborda el diseño de *chatbots* y atañe al diseño de todo tipo de "sistemas inteligentes", o simplemente "sistemas digitales"[24], localizados en nuestro entorno; concierne, en principio, al diseño en general[25]. En buena medida, la computación se ha vuelto *ubicua* y este *cómputo ubicuo, heterógeneo*[26] *e interactivo* requiere de teorizaciones más complejas.

Idealmente estas colaboraciones requieren que los agentes humanos involucrados conozcan el sentido de sus contribuciones y no se conviertan en piezas ciegas de una maquinaria cuyas finalidades ignoran. Resulta lamentable si un sistema híbrido al operar perjudica a los humanos involucrados, a la humanidad en general o a otros seres sintientes y sus entornos.

Es preferible fomentar las caracterizaciones de **IH** que buscan trascender la idea ramplona de colocar a humanos en medio de procesos automáticos complejos –*humans in the loop*– con la única intención de abaratar o eficientar dichos procesos, sin prestar atención a otros criterios. Sin que podamos ahondar en ello en este breve ensayo impresionista, podemos señalar que paradigmas como el *crowdcomputing* en algunas de sus formas y la *ciencia ciudadana*[27] apuntan a posibilidades atractivas para afrontar algunos problemas complejos e importantes para comunidades locales, regionales y trasnacionales mediante sistemas híbridos.

---

24. La multimodalidad está fuertemente ligada a los enfoques de cognición corporalizada, situada, extendida y enactiva.

25. Considérese, por ejemplo, la perspectiva esbozada por el diseñador Norman, D. (2018) al respecto.

26. *Heterógeneo* en tanto que ocurre en una multiplicidad de dispositivos y conforme a diferentes paradigmas de procesamiento de la información.

27. En inglés se han acuñado diferentes términos para referirse a esta forma de colaboración: *crowd-sourced science, civic science, community science,* etc.

4.2. *Adaptabilidad*

Este fue uno de los primeros desafíos identificados por los desarrolladores de sistemas de IA, tanto en su vertiente lógico-simbólica clásica[28] como en las variedades no-representacionales que confluyen hoy en el *aprendizaje automático* (*Machine Learning*) y el procesamiento de *datos masivos* (*Big Data*)[29]. La percatación clave es que el entorno es cambiante y, en general, no siempre es viable fijar las competencias de un sistema para que tenga un desempeño adecuado. Esta peculiaridad se manifiesta principalmente de dos maneras en el caso de los agentes conversacionales: (i) la adaptación a los giros discursivos en una interacción; (ii) la renuncia a una noción estática y acabada del modelado de la competencia lingüística a favor de una concepción dinámica, tanto del modelado como de la competencia lingüística misma (Davidson, 1986; Stokhof, 2001).

Este desafío que parecería ser "meramente técnico" puede entrar en conflicto con la realización de valores tales como la seguridad, la confiabilidad y la transparencia. Para ello nos conviene guardar registro de las adaptaciones de nuestros sistemas que han sido exitosas y las que no lo han sido. Pero, sobre todo –y eso conecta con el cuarto desafío–, deseamos *saber por qué* se ha dado uno u otro caso. Se ha argumentado, por ejemplo, que la adaptabilidad y eficacia de los sistemas de aprendizaje automático nos compromete con niveles importantes de opacidad. Mientras que el uso de sistemas lógico-dinámicos que podrían brindarnos total transparencia, no podría ofrecernos altos niveles de eficacia

---

28. La tradición denominada GOFAI, *Good Old-Fashioned Artificial Intelligence,* por H. Levesque (2017).

29. El procesamiento de *datos masivos* –variados y generados en grandes volúmenes velozmente– no requiere necesariamente de las técnicas de aprendizaje automático.

y adaptabilidad. La polémica no se puede zanjar a la ligera y también parece viable apostar a la fusión de paradigmas para resolver esta tensión.

4.3. Responsabilidad

En un sistema de IH, además de las consideraciones legales y morales "externas" que constriñen al diseño y operación de cualquier desarrollo tecnológico, se pretendería otorgar a los subsistemas de IA criterios para que "internamente" lleven a cabo "razonamientos" morales y legales que incidan en su auto-regulación. La cuestión es álgida y en lo que concierne a los agentes conversacionales supone una dimensión tanto *performativa*, como *denotacional*. Así mismo, asumir la diversidad de *juegos de lenguaje* nos compromete con implementaciones deónticas casuísticas. La complejidad de estas cuestiones amerita una discusión independiente que, por ahora, nos vemos obligados a postergar.

4.4. Explicabilidad

El cuarto desafío está ligado tanto a la transparencia, como a la interpretabilidad de un sistema: ello brinda confianza. Se espera que un sistema híbrido sea auditable, que nos permita hacer una integra rendición de cuentas. Esto supone recabar información relevante sobre su operación que sea inteligible con respecto a diversas normatividades. Los usuarios de un sistema necesitan *comprender* el comportamiento de dicho sistema, con apelación a trazas de causalidad, pero también en términos de justificación. Esto último resulta especialmente relevante para la construcción de agentes conversacionales integrados a otros sistemas; por ejemplo, aquellos que brindan apoyo a un cliente que necesita recibir aclaraciones sobre un proceso complejo.

Conclusiones

Los agentes conversacionales seguirán acompañándonos en múltiples contextos acotados y cabe esperar una gran diversidad en la sofisticación algorítmica subyacente a cada uno de ellos. Es irrelevante si decidimos etiquetarlos como inteligentes tras aprobar pruebas de simulación genéricas y artificiosas. Lo que no es irrelevante es su desempeño en los contextos que nos importan o la confianza que nos inspiran.

Organizaciones que han decidido incorporar *chatbots* en sus procesos y han evaluado la satisfacción de los usuarios al interactuar con ellos, han detectado que importa más su integración adecuada en un sistema más complejo o su pericia para contribuir a la resolución de inquietudes puntuales, que su elocuencia o la capacidad de divagar sobre una multiplicidad de temas. En ese sentido resulta especialmente conveniente pensar en ellos en términos de *sistemas híbridos*. No obstante, esa reconsideración no es trivial.

Tal como en la noción wittgensteineana de *juego de lenguaje* palabras y acciones se encuentran entretejidas en un todo, en la noción de Inteligencia Híbrida (**IH**) las prácticas humanas se entrelazan con la dinámica de sistemas computacionales (típicamente los etiquetados como sistemas de **IA**) que fungen como protesis cognitivas. En este trenzado hay hilos lógicos, éticos, jurídicos, estéticos, etc. Cada uno de ellos amerita un tratamiento cuidadoso. Los agentes conversacionales no son un hilo más en este tipo de sistemas: ellos mismos —hechos de tales hilos— son un sistema híbrido.

Referencias

Akata, Z., et al. (2020). A Research Agenda for Hybrid Intelligence: Augmenting Human Intellect With Collaborative, Adaptive, Responsible, and Explainable Artificial Intelligence. *Computer, 53*(8), 18-28. https://doi.org/10.1109/MC.2020.2996587.

Barceló Aspeitia, A. A. (2019). *Falibilidad y normatividad: Un análisis filosófico de la suerte.* Cátedra.

Bassett, C. (2019). The computational therapeutic: Exploring Weizenbaum's ELIZA as a history of the present. *AI & SOCIETY, 34*(4), 803-812. https://doi.org/10.1007/s00146- 018-0825-9.

Bhatia, V. K. (2004). *Worlds of Written Discourse: A Genre-Based View.* Continuum International.

Bhatia, V. K. (2010). Interdiscursivity in professional communication. *Discourse & Communication* 1(21), 32-50.

Chomsky, N. (1957). *Syntactic Structures.* Mouton S Co.

Davidson, D. (2001). *Inquiries into Truth and Interpretation.* Oxford.

Davidson, D. (1986). A Nice Derangement of Epitaphs. En *Truth, Language, and History.* Oxford.

Dutilh Novaes, C. (2015). A Dialogical, Multi-Agent Account of the Normativity of Logic. *Dialectica, 69*(4), 587-609. https://doi.org/10.1111/1746-8361.12118.

Floridi, L., Taddeo, M., S Turilli, M. (2009). Turing's Imitation Game: Still an Impossible Challenge for All Machines and Some Judges––An Evaluation of the 2008 Loebner Contest. *Minds and Machines*, 19(1), pp. 145-150. https://doi.org/10.1007/s11023-008-9130-6.

Hengst, J. A. y P. J. Miller (1999). The heterogeneity of discourse genres: Implications for development. *World englishes* 3(18), pp. 325-341.

Herlihy, M., Kozlov, D. N., S Rajsbaum, S. (2014). *Distributed computing through combinatorial topology.* Morgan Kaufmann.

Hernández-Quiróz, F. (2022). Striking a Balance Between Cumulative Knowledge and Speed of Proofs in Classical Propositional Calculus. En *Proceedings of the International Conference "Applied Category Theory Graph-Operad-Logic 2021" in memoriam of Zbigniew Oziewicz".*

Hunt, N., O'Grady, M., Muldoon, C., Kroon, B., Wan, J., & O'Hare, G. (2015). *Citizen Science: A Learning Paradigm for the Smart City? Interaction Design and Architecture(s) Journal - IxD&A, 27,* 28-43.

Levesque, H. (2017). *Common Sense, The Turing Test, and The Quest for Real IA.* The MIT Press.

Norman, D. (2018). People-centered (not tech-driven) design. In T. Pappas (Ed.), *Encyclopaedia Britannica, Anniversary Edition* (pp. 640-641). Chicago: Encyclopaedia. Britannica.

Rietveld, E., S Kiverstein, J. (2014). A Rich Landscape of Affordances. *Ecological Psychology, 26*(4), pp. 325-352. https://doi.org/10.1080/1 0407413.2014.958035.

Rietveld, E. (2008). Situated Normativity: The Normative Aspect of Embodied Cognition in Unreflective Action. *Mind, 117*(468), 973-1001. https://doi.org/10.1093/mind/fzn050.

Rosenberg, M. (2003). *Non-violent Communication: A Language of Life.* Puddledancer Press.

Searle, John R. (1980) Minds, brains, and programs. *Behavioral and Brain Sciences 3* (3), pp. 417-57.

Schatzki, T. (1996). *Social Practices: A Wittgensteinian Approach to Human Activity and the Social.* Cambridge University Press.

Stokhof, M. (2002). Meaning, interpretation and semantics. En D. Barker-Plummer, D. Beaver, J. van Benthem and P. Scotto di Luzio (eds), *Words, Proofs, and Diagrams,* CSLI Press, 2002, pp. 217-240.

Spivak, D. (2022). Dynamic Rewiring as Learning. En *Proceedings of the International Conference "Applied Category Theory Graph-Operad-Logic 2021" in memoriam of Zbigniew Oziewicz".*

Turing, A.M. (1950). Computing Machinery and Intelligence. *Mind* 49, pp. 433-460.

Tversky, A., S Kahneman, D. (1981). The Framing of Decisions and the Psychology of Choice. *Science, 211*(4481), 453-458.

Voss, C. (2016). *Never Split the Difference: Negotiating As If Your Life Depended On It.* Harper Business.

de Weerd, H., Verbrugge, R., y Verheij, B. (2013). How much does it help to know what she knows you know? An agent-based simulation study. *Artificial Intelligence, 199-200,* 67-92. https://doi.org/10.1016/j.artint.2013.05.004.

Weizenbaum, Joseph (1966). ELIZA---a computer program for the study of natural language communication between man and machine. *Communications of the ACM*, 9(1), 36-45. doi:10.1145/365153.365168.

Weizenbaum, J. (1976). *Computer Power and Human Reason: From Judgement to Calculation*. W.H. Freeman and Company.

Wittgensetin, L. (1988). *Investigaciones Filosóficas*. Universidad Nacional Autónoma de México.

Capítulo 5

Opacidad Epistémica, Ignorancia y Racionalidad: Cuestiones epistémicas sobre la implementación de macrodatos en las ciencias

María del Rosario Martínez Ordaz y Gabrielle Ramos García

Introducción

Los *macrodatos*, también llamados "big data", son conjuntos de datos cuyo tamaño está más allá de la capacidad de las herramientas típicas de software de base de datos para capturar, analizar, almacenar y gestionar. Durante las últimas décadas, la implementación de los macrodatos ha cambiado radicalmente el desarrollo de la ciencia. Por un lado, ha permitido que las distintas disciplinas tengan acceso a fenómenos que inicialmente o se habían considerado inalcanzables, tales como galaxias distantes, o que se consideraban imposibles de ser escudriñados dadas las limitaciones de la mente humana, tales como los agujeros negros. Sin embargo, estos resultados exitosos han sido posibles solamente gracias a la incorporación de herramientas computacionales que no pueden ser completamente examinadas y justificadas por los agentes humanos (Cf. Humphreys, 2009). Incrementar el conocimiento científico mediante el uso de macrodatos tiene como resultado negativo una ignorancia respecto a los medios a través de los cuales ese conocimiento es obtenido y justificado.

Durante las últimas dos décadas, epistemólogos y filósofos de la ciencia se han encargado de analizar la forma en la que la implementación de macrodatos ha cambiado el desarrollo científico. Sin embargo, aunque han existido grandes avances en el estudio de los componentes metodológicos y sociales de la construcción del conocimiento científico en dichos contextos, poco se ha investigado con respecto a la forma en la que el uso de macrodatos cambia la epistemología de agentes individuales.

En este texto, abordamos tres fenómenos epistémicos y su relación con la implementación de los macrodatos en las ciencias: la *opacidad epistémica (procedimental)*, la *ignorancia* y la *racionalidad* de agentes humanos individuales. La pregunta central que nos concierne aquí es si dicha implementación, al causar cierto tipo de ignorancia en los agentes individuales, previene que las prácticas asociadas al uso de tal información sean racionales.

La tesis central de este artículo es que los científicos no sólo están justificados para confiar en este tipo de productos, sino que además es posible evaluar como racional su comportamiento asociado a las expresiones de esta confianza. Nos concentramos en cómo es que la ignorancia, la opacidad epistémica procedimental y la racionalidad interactúan en contextos científicos, y explicamos las diferencias que existen entre sus formas de expresión en estas prácticas y en aquellas en las que la cantidad de datos involucrada es ordinaria.

Para hacerlo, procedemos de la siguiente forma. En la sección 1, introducimos algunas nociones preliminares y discutimos brevemente la relevancia de esta investigación. La sección 2 está dedicada a presentar los tipos de opacidad epistémica que subyacen a la implementación de macrodatos en las ciencias. En la sección 3 abordamos los tipos de ignorancia que es posible identificar en las prácticas epistémicas asociadas al uso de macrodatos en las ciencias. Y en la sección 4, ofrecemos algunos indicadores confiables de la racionalidad de los científicos en prácticas que involucran el uso de datos a gran escala y presentamos una caracterización inferencialista de racionalidad. En la sección 5, ilustramos lo anterior con un estudio de caso de las ciencias de la salud. Finalmente, en la sección 6, trazamos algunas conclusiones.

1. El panorama general

De acuerdo con las teorías cognitivistas más importantes encargadas del estudio de la racionalidad humana, para que los agentes logren comportarse racionalmente deben cumplir, al menos, dos requisitos: (i) contar con 'suficiente' habilidad computacional y (ii) lograr el adecuado ejercicio de ciertas estrategias de elección racional[1]. La conjunción de estos dos factores parece ser indispensable para el comportamiento racional de los agentes –en particular, para garantizar la base racional detrás de la aceptación y la revisión de creencias de los agentes y así como de la adquisición de nuevo conocimiento.

El diseño de nuevos recursos tecnológicos y formales le ha permitido a los científicos recibir, almacenar, ordenar e integrar cantidades inmensas de datos. En particular, la incorporación del uso de macrodatos en las prácticas científicas ha cambiado la forma de

1. Así como no existe un consenso o caracterización única de lo que son las ciencias cognitivas (Nadel, y Piattelli-Palmarini, 2003), no existe tampoco una versión estándar de lo que sería una teoría cognitivista de la racionalidad; en este artículo, nos referimos específicamente a teorías de procesos duales que consideran tanto a la teoría general de la inteligencia (factor g) como a los estilos cognitivos (Sternberg y Grigorenko, 1997) para lograr un análisis del fenómeno de la racionalidad humana. Ejemplo de dichas teorías son la inteligencia exitosa (Sternberg, 1985) y la evaluación comprehensiva del pensamiento racional (CART) (Stanovich, 2016).

alcanzar ciertos productos epistémicos. El nombre "macrodatos" no sólo indica el volumen de la información manejada, sino además, y de mayor importancia, el rango de métodos computacionales utilizados para trabajar con dicha información (Cf. Arbesman, 2013; Boyd y Crawford, 2012). Dado que el tamaño, la velocidad y la variedad de estos datos frecuentemente superan los límites de la cognición humana, los científicos que confían en la implementación de los macrodatos en su disciplina, generalmente, ignoran los procesos a través de los cuales se alcanzan ciertos resultados (Cf. Manyika *et al.*, 2011). Lo cual indica que la habilidad computacional de los científicos es inferior a lo que se necesita para poder manejar la cantidad de datos recibidos –es decir, no se cumple la condición (i) de la racionalidad de acuerdo con los cognitivistas.

A la luz de lo anterior, parece intuitivo creer que la combinación de la implementación de los macrodatos en las ciencias y la ignorancia asociada al uso de los mismos no debería afectar de manera problemática a la racionalidad científica. Dadas nuestras limitaciones cognitivas, los agentes humanos siempre ignoramos más de lo que conocemos; a la luz de esto, no debería parecernos problemático que los científicos, cuando emplean macrodatos en sus prácticas epistémicas, también ignoren una mayor cantidad de cosas que las que conocen. Sin embargo, el problema en los casos es que la ignorancia de los científicos con respecto a los procesos que se requieren para el manejo de datos a gran escala parece debilitar la justificación que pudieran tener a favor de su confianza en los resultados de dichos procesos. En ese sentido, mientras más ignoren la forma en la que los datos se filtran, se almacenan, se estructuran y se emplean, menos justificados están para confiar tanto en los procesos a través de los cuales esto ocurre como en los resultados de dichos procesos.

Lo anterior nos coloca frente a un dilema: ya sea que los agentes no deberían confiar en los productos que surgen de la implementación de macrodatos en su disciplina, y si lo hacen, son irracionales al hacerlo; o podemos explicar bajo qué condiciones son racionales al confiar en ellos –a pesar de ignorar los procedimientos a través de los cuales se obtienen.

2. Las opacidades epistémicas detrás de los macrodatos

La incorporación de los macrodatos en las ciencias ha cambiado de forma importante la percepción y explicación de la labor científica; en particular, nos ha hecho cuestionar cómo se genera el conocimiento científico a través del uso de macrodatos y cuán robusta es la justificación del mismo. Estos dos aspectos han sido abordados desde dos preocupaciones metodológicas relacionadas: el rol central de las correlaciones en la adquisición de conocimiento a través del uso de macrodatos y la opacidad epistémica que subyace a la implementación de los mismos (cf. Humphreys, 2009; Floridi, 2012; Leonelli, 2014).

- Por un lado, la incorporación de macrodatos en las ciencias ha estado acompañada de la fuerte adopción de métodos estadísticos, como la regresión lineal hasta el análisis de componentes principales, las cadenas de Markov, las redes bayesianas, entre otros. Dada la naturaleza de estos métodos, sus resultados tienen forma de correlaciones. Las *correlaciones* son relaciones estadísticas entre dos valores que si bien son informativas, pues nos indican algunas ocurrencias en el mundo y pueden ser útiles como elementos heurísticos, no indican ninguna relación causal genuina entre los valores que relacionan, incluso en aquellos casos en los que dicha relación es legítima (cf. Leonelli, 2014, p. 3). Ante este hecho, las correlaciones han sido generalmente consideradas como poco confiables, al menos para los propósitos asociados con la explicación científica. Esto ha hecho que tanto filósofos como científicos tengan que elegir entre aceptar que los productos de la implementación de macrodatos son significativamente poco confiables, o asignarle un valor epistémico y metodológico distinto a las correlaciones.

- Por otro lado, dada la cantidad, la variedad y la velocidad a la que los datos se reciben, los recursos computacionales empleados en la implementación de macrodatos en contextos científicos requiere la adopción de recursos tecnológicos y formales cuyas capacidades computacionales excedan aquellas de los agentes humanos. Lo cual ocasiona que, si estos recursos funcionan con éxito, los científicos pierdan acceso epistémico a cada uno de los elementos que fueron cruciales para el éxito. Dicha pérdida de acceso epistémico se conoce como *opacidad epistémica*.

En la literatura que concierne a las preocupaciones epistemológicas sobre la ciencia de datos y el uso de macrodatos, es posible distinguir dos tipos de opacidad epistémica: la opacidad con respecto al estatus de los productos y la opacidad procedimental. La primera indica falta de conocimiento con respecto a la forma adecuada de interpretar los resultados de los procesos computacionales; es decir, los agentes carecen de acceso epistémico a si los resultados de dichos procesos deben ser entendidos como abstracciones o simplificaciones, o como análogos a resultados experimentales y observaciones técnicas precisas (cf. Barberousse and Vorms 2014; Morrison, 2015, Cap. 7). Este tipo de opacidad está estrechamente relacionado con, si no causado por, la segunda variante de opacidad epistémica: la *opacidad epistémica procedimental*[2].

---

2. Recientemente se ha defendido que hay tres opacidades epistémicas que se encuentran presentes en la implementación de aprendizaje de máquinas: *opa-*

Un proceso P es epistémicamente opaco para un agente si el agente ignora todos los elementos/pasos de P que son relevantes para una tarea específica. Y aunque generalmente los procesos que llevamos a cabo en nuestra vida cotidiana suelen ser opacos para nosotros, lo que es característico de la implementación de macrodatos es que depende de algunos procesos computacionales que son *esencialmente opacos* (cf. Humphreys, 2009)[3]. Es decir, dado que agentes finitos como los humanos no podrían procesar enormes cantidades de información a altas velocidades, la recepción y el manejo de macrodatos requiere la implementación de recursos computacionales cuyo poder exceda el de la mente humana. Lo anterior causa que, en los casos de mayor éxito, los científicos no puedan determinar cuáles elementos de los procesos fueron cruciales para alcanzar dicho éxito ni cuales fueron irrelevantes. Este tipo de opacidad previene que los agentes puedan descomponer cada paso de los procesos inferenciales que los algoritmos siguen y que constriñen el modelo computacional en cuestión (cf. Lipton,

---

cidad algorítmica (ausencia de conocimiento sobre las reglas lógicas que un algoritmo obedece para pasar de un punto de información a otro), *opacidad procedimental* y *opacidad de ejecución* (ausencia de conocimiento de cómo un programa en concreto se ejecutó en un momento determinado) (Cf. Creel, 2020).

Si bien creemos que esta distinción es adecuada, hemos notado que generalmente, al implementar recursos asociados al uso de macrodatos en las ciencias, el primer y el tercer tipo de opacidad aunque son comunes resultan poco relevantes para describir la situación epistémica de los científicos. La mayoría de los científicos que trabajan con macrodatos no tienen la competencia necesaria en las áreas de informática correspondientes para que la opacidad algorítmica y de ejecución de hecho revele algo especial en estos casos –cuando los comparamos con otros de implementación tecnológica que son independientes del uso de macrodatos y del aprendizaje de máquinas.

3. "Un proceso es esencialmente opaco epistémicamente para X si y sólo si es imposible para X, dada su naturaleza, tener acceso a y ser capaz de identificar todos los elementos de relevantes de la justificación" (Duran y Formanek, 2018, p. 651) de la confiabilidad de dicho proceso.

2006). Por esta razón, la opacidad procedimental afecta la capacidad de los agentes para explicar el éxito de los procesos computacionales, así como la relación (y la legitimidad de la misma) que existe entre los productos de dichos procesos y el dominio pretendido de aplicación. Es en este último sentido que la opacidad procedimental está estrechamente relacionada con la opacidad con respecto al estatus de los productos[4].

Finalmente, es importante mencionar que el hecho de que los agentes no puedan determinar ni los pasos relevantes de los procesos ni el nivel de éxito de los productos de los mismos, tiene un efecto negativo en la justificación del conocimiento que se obtiene a través de los procesos y los productos de la implementación de los macrodatos en las ciencias. Incluso si los científicos adoptan una teoría confiabilista de la justificación, en los casos en los que los procesos les sean *esencialmente* opacos, los científicos carecen de explicaciones sobre el éxito y la confiabilidad de los mismos, lo cual, al menos, debilita el grado de justificación que tengan para sus creencias asociadas. Con esto en mente, en la siguiente sección abordaremos cómo es que estos tipos de opacidad epistémica afectan la obtención de conocimiento científico, en particular, cuál es el tipo de ignorancia que dicha opacidad causa.

3. De opacidad epistémica a ignorancia

En esta sección abordamos la relación que existe entre la opacidad epistémica procedimental y la ignorancia que subyace a las prácticas de implementación de macrodatos en las ciencias.

---

4. En años recientes, una nueva perspectiva filosófica sobre la naturaleza de la ignorancia la ha caracterizado como ausencia de creencias verdaderas. Sin embargo, en este texto adoptaremos la perspectiva tradicional.

Tradicionalmente, la ignorancia se ha caracterizado como la falta de conocimiento. En la literatura, se reconocen, mayormente, tres tipos de ignorancia: *ignorancia fáctica* (ausencia de conocimiento con respecto a hechos), *ignorancia objetual* (carencia de conocimiento con respecto a objetos, lugares, individuos), e *ignorancia procedimental* (ausencia de conocimiento sobre cómo realizar ciertas tareas, los ejemplos mayormente conocidos de este tipo de ignorancia son el poder andar en bicicleta o el seguir recetas de cocina)[5]. Intuitivamente, debería existir una fuerte conexión entre la opacidad epistémica procedimental y la ignorancia procedimental, sin embargo, en lo que sigue defendemos que esto no es necesariamente así, de hecho, la ignorancia subyacente a la implementación de los macrodatos en las ciencias es de un tipo muy especial: *ignorancia de la estructura teórica* con *resultados confiables.*

La ignorancia de la estructura teórica consiste en la ausencia de conocimiento de los patrones inferenciales (relevantes) que constriñen a una teoría o un modelo científico. Este tipo de ignorancia previene que los agentes epistémicos puedan determinar si ciertas proposiciones son verdaderas dentro de dicho modelo, afectando así su acceso epistémico a algunas de las relaciones tanto inferenciales como causales dentro del modelo (Martínez Ordaz, 2022). Este tipo de ignorancia suele ser la causa de algunas instancias de ignorancia factual –especialmente de los casos en los que los agentes ignoran los valores aléticos de proposiciones determinadas. De igual forma esta ignorancia suele causar algunas instancias de ignorancia procedimental; en los casos en los

---

5. Este tipo de ignorancia suele tener dos variantes: una performativa, que corresponde a la capacidad de hacer algo sin necesariamente poder dar cuenta de cómo es que se hizo; y una explicativa, la cual requiere que los agentes puedan explicitar la lista de pasos necesarios para realizar la tarea y dar cuenta del rol que cada uno de ellos jugó para lograrlo.

que, dado que los agentes no pueden realizar inferencias adecuadas dentro de la teoría o modelo en cuestión, no pueden realizar las tareas para la aplicación de la teoría o el modelo en dominios determinados. La superación, al menos, parcial de este tipo de ignorancia consiste en encontrar caminos inferenciales que puedan proveer a los agentes con el conocimiento para navegar de forma segura algunas regiones del espacio lógico de la teoría o el modelo.

Ahora bien, en los casos de implementación de macrodatos en contextos científicos, los agentes no solamente ignoran los procedimientos que los algoritmos siguen al momento de recibir, filtrar, ordenar y estructurar la información, sino que, a raíz de que ignoran esto, también carecen de conocimiento sobre cuáles son los constreñimientos lógicos de los conjuntos de datos resultantes. Incluso si entendiéramos a las cadenas inferenciales seguidas por los algoritmos como procesos, es necesario enfatizar que la inferencia sería un tipo de proceso especialmente *sui generis*, más cuando se compara con procedimientos como andar en bicicleta o seguir una receta de cocina. En las ciencias, tanto los constreñimientos lógicos en un sentido abstracto, como su ejecución en la práctica, no solo permiten ir de un estado a otro sino que además informan y actualizan la estructura subyacente a la teoría o en modelo en cuestión, es decir, resultan en algún sentido normativos de lo que se asume como verdadero dentro del modelo así como de lo que reconocemos como consecuencias legítimas del mismo, algo que sin duda no ocurriría en los casos como andar en bicicleta y seguir una receta.

Por tanto, la opacidad con respecto a los constreñimientos lógicos impuestos sobre los conjuntos de información y la forma en la que estos fueron elegidos y justificados, no solamente ocasionan que los agentes no puedan seguir o explicar un camino inferencial específico, sino que previene que puedan determinar cuáles son las consecuencias legítimas de dicho conjunto, cuáles son las relaciones que éste sostiene con los dominios pretendidos de aplicación (teóricos y prácticos), entre otros. Entonces, aunque inicialmente la opacidad epistémica que subyace a estas prácticas es mayormente procedimental, la ignorancia que surge a partir de ella es mucho más compleja y concierne no solamente los procesos involucrados en la constitución de bases de datos particulares.

Si nos concentramos en aquellos casos en los que los procesos usados para el análisis de los datos son esencialmente opacos, tendremos el siguiente problema: de acuerdo con la epistemología tradicional, si no podemos explicar las formas en las que ciertos productos científicos son obtenidos y su confiabilidad es determinada, es nuestra obligación epistémica debilitar la confianza que tenemos en dichos productos y su legitimidad; y de no hacerlo, estaríamos siendo irracionales.

Sin embargo, como hemos dicho anteriormente, existen instancias en las que los procesos usados para el manejo de estas bases de información son esencialmente opacos para los agentes, y aun así juegan un papel crucial para alcanzar predicciones, mediciones e incluso explicaciones adecuadas que no podrían haber sido obtenidas de ninguna otra forma[6]. Es decir, hay casos en los que procesos esencialmente opacos juegan un papel central para el éxito científico. ¿Deben los científicos desconfiar de los productos alcanzados a través de dichos procesos?, ¿serían irracionales de no hacerlo? En la siguiente sección nos ocuparemos de responder a estos dos cuestionamientos.

---

6. La implementación de macrodatos en las ciencias ha permitido a los científicos tener acceso a fenómenos que, de otra forma, serían inaccesibles para ellos; les ha permitido descifrar, describir y modelar con detalle desde el comportamiento de la flora y la fauna de regiones enteras del mundo, hasta el comportamiento de galaxias distantes.

4. La racionalidad lógica en la época de los macrodatos

Recapitulando, hasta ahora, hemos defendido dos tesis:
(a) La opacidad epistémica procedimental juega un papel central en las prácticas epistémicas asociadas a la implementación de macrodatos en las ciencias; especialmente en casos donde los procesos están diseñados para ser esencialmente opacos.
(b) La ignorancia que subyace mayormente a la implementación de macrodatos en las ciencias es *ignorancia de la estructura teórica*.

Si estamos en lo correcto, la combinación de (a) y (b) nos lleva a que, en aquellos casos de éxito científico alcanzados solamente a través del uso de procesos esencialmente opacos, los científicos no solamente ignoran cómo es que se llegó de un estado a otro sino que además están incapacitados para determinar cuáles son los constreñimientos lógicos del conjunto de información resultante, el cual constituye el producto científico garante del éxito. En estos casos, tanto la opacidad epistémica como la ignorancia debilitan la justificación para confiar en los productos exitosos. Ya sea que, dado que no lo conocen, los científicos no pueden determinar la confiabilidad del proceso a través del cual fueron obtenidos dichos productos, o, dado que ignoran parte fundamental de la constitución de los mismos, no pueden determinar su legitimidad. Lo cual hace que o los científicos deban desconfiar de tales productos, o si no lo hacen, deban ser irracionales por confiar en algo cuya legitimidad ignoran.

Ya que hemos centrado la atención en la relación que existe entre la ignorancia y la racionalidad en las prácticas epistémicas de implementación de los macrodatos en las ciencias, esta sección, buscaremos ofrecer una caracterización de racionalidad que, posteriormente nos ayude a echar luz sobre dicha relación. Teniendo

en cuenta que los tipos de opacidad epistémica y de ignorancia
que nos ocupan en este texto poseen un elemento diferencial importante, en esta sección, presentamos brevemente una noción de
racionalidad humana que enfatiza las capacidades inferenciales de
los agentes.

La noción de *inteligencia* en las ciencias cognitivas contemporáneas está conformada por dos factores centrales: la psicometría
y la *Teoría General de la Inteligencia* (en lo que sigue, *g* o *factor g*).
Tanto la psicometría como la teoría general de la inteligencia aparecieron a inicios del siglo XX, una y otra evolucionaron y se vol-
vieron complementarias, configurando la noción contemporánea
de inteligencia. La comprensión del fenómeno de la racionalidad
humana, desde la perspectiva de las teorías de procesos duales, supone considerar al menos los siguientes dos elementos: en primer
lugar, la existencia de dos sistemas cognitivos distintos en la mente
humana, uno que se encarga de tareas rápidas y automáticas, y
otro que se encarga de tareas lentas y controladas (Evans, 2003).
En segundo lugar, se acepta a factor *g* (y las prácticas psicomé-
tricas asociadas a ésta) como la mejor teoría con que contamos
para abordar el fenómeno de la inteligencia[7]. En tercer lugar, se
considera que la racionalidad es un fenómeno que excede lo que
factor *g* puede evaluar, en tanto que dicha teoría considera sólo la
habilidad algorítmica de los agentes y aspectos distintivos de la
racionalidad sólo pueden ser a partir del estudio de las diferencias
individuales observables en los *estilos cognitivos* (Stanovich, 2009,
2016).

---

7. En breve, a partir de la medición de aspectos tales como la memoria de
trabajo, memoria a largo plazo, inteligencia fluida y cristalizada, se determina
un coeficiente que representa la inteligencia exhibida por los agentes al realizar
las pruebas; han existido diversas versiones de factor *g* a través de la historia, una
de las más recientes puede ser consultada en Carroll (2003).

Los estilos cognitivos son aquellas disposiciones del pensamiento que los agentes llevan a cabo y que escapa tanto a los recursos explicativos como a las herramientas de medición de *g*. Algunas disposiciones del pensamiento tienen que ver con creencias, estructura de creencias y, lo más importante, actitudes en torno al establecimiento y modificación de creencias. Otras disposiciones del pensamiento son las relacionadas con los objetivos de las personas y la jerarquización de sus metas[8]. Los estilos cognitivos no necesariamente están vinculados a la racionalidad, sin embargo, existen ciertas tendencias a las que los cognitivistas se han referido como la "teoría de auto-gobierno mental" que los agentes parecieran exhibir cuando hacen un análisis reflexivo de su situación y procuran obtener los mejores rendimientos posibles en ésta. Ello se ve reflejado en la validación, ya sea interna o externa que pudieran obtener (Sternberg y Grigorenko, 1997, p. 708).

Algunas de esas tendencias, tal como son presentadas por Stanovich (2016, p. 26) incluyen:

- La tendencia a recolectar información antes de decidir con respecto a algo.
- La tendencia a buscar varios puntos de vista antes de llegar a una conclusión.
- La disposición para pensar extensamente un asunto antes de dar una respuesta.

---

8. Para la psicología, los estilos cognitivos vinculan dos áreas de investigación distintas: cognición y personalidad (Sternberg y Grigorenko, 1997, p. 701). Tal vez no resulta obvio por qué razón la personalidad se vincularía con la racionalidad, sucede así: muy pronto entre las preocupaciones de los cognitivistas aparece la idea de evaluar la propensión que distintos agentes, con distintas personalidades, tienen para conducir sus proyectos de manera exitosa; la hipótesis es que ciertas características de la personalidad, observables en distintos ámbitos que van desde los estudios, pasando por lo laboral y los proyectos personales, favorecen (o disminuyen, según el caso) las probabilidades de que los agentes alcancen sus objetivos.

- La tendencia a calibrar el grado de fuerza de la opinión propia con respecto al grado de evidencia disponible.
- La tendencia a pensar con respecto a las consecuencias futuras antes de llevar a cabo una acción.
- La tendencia a explícitamente sopesar pros y contras de situaciones antes de tomar una decisión.
- La tendencia a buscar detalles finos y evitar visiones absolutas.

El problema con la aceptación de estas tendencias de auto-gobierno como signo de racionalidad es que, al menos en lo que concierne a las discusiones de los teóricos de procesos duales, la razón por las que se les confiere un perfil asociado a la racionalidad es el éxito que los agentes pudieran o no obtener. Esto es claramente problemático ya que no hay una explicación, fuera de la misma teoría que los postula, sobre por qué esas tendencias de auto-gobierno favorecen el ejercicio de la racionalidad.

En otras palabras, para los teóricos de procesos duales, las tendencias de auto-gobierno favorecen el comportamiento racional porque los agentes que las ejercen suelen verse favorecidos al intentar alcanzar sus objetivos, pero esto no explicaría casos de suerte epistémica, o más aún, situaciones límite donde sea difícil o imposible decidir cuál sería la postura racional respecto a un problema. En consecuencia, es deseable, para evitar circularidad, que la explicación de por qué los estilos cognitivos están justificadamente asociados a la racionalidad provenga de otra teoría.

En nuestra opinión, la lógica filosófica es una alternativa para informar a las ciencias cognitivas respecto a qué es lo distintivamente "racional" en los estilos cognitivos de auto-gobierno. Para evitar dicha circularidad, en lo que sigue, proponemos extender la teoría de la racionalidad de estilos cognitivos a través de la adopción de un enfoque parcialmente inferencialista sobre la racionalidad. En lo que sigue llamaremos a esta racionalidad: "racionalidad lógica".

La *racionalidad lógica* es la capacidad de los agentes para implementar recursos inferenciales determinados en respuesta a retos epistémicos que involucren la adquisición de nuevo conocimiento, la revisión de creencias, la evaluación de evidencia, entre otros. Los mecanismos inferenciales descritos a través de la racionalidad lógica ofrecen una justificación, en casos exitosos, a las acciones realizadas por los agentes en determinados contextos tales que son consideradas como evidencia de racionalidad. Dichas acciones son aquellas indicadas a través de los estilos cognitivos.

Los recursos inferenciales que son centrales a la racionalidad lógica son la retractabilidad y el uso de inferencias ampliativas; la metodología detrás de este tipo de racionalidad es dual en tanto que está preocupada tanto por el carácter intrínseco (ver Harman, 1984) como por el extrínseco (MacKenzie, 1989) del razonamiento racional. De acuerdo con esta concepción de la racionalidad, un agente es racional si y sólo si:

- puede revisar y retractar relevantemente sus inferencias y emplear estrategias de razonamiento ampliativo pertinentes en el contexto en el que se encuentra,
- así como ofrecer una narrativa de la justificación tanto de sus acciones (a través de las cuales se exhibe algún estilo cognitivo), así como de la percepción y la atribución social de racionalidad hacia su persona[9].

---

9. Dicho lo anterior, podemos (o no) atribuir racionalidad a los agentes prestando atención a dos aspectos. Primero, las razones detrás del establecimiento de creencias o toma de decisiones de los cuáles tenemos constancia verbal o escrita. Segundo, los comportamientos observables en los agentes que entrañan actitudes proposicionales que pudieran ser evaluadas posteriormente. Invariablemente, el carácter racional que atribuyamos (o no) a una decisión o creencia podremos observarlo sólo en la transición de lo público a lo privado (Cf. Skelac, 2017).

Volviendo al problema central de este texto, si los agentes epistémicos son fuertemente ignorantes tanto de los procesos a través de los cuales se obtienen ciertos resultados exitosos de la ciencia, así como del estatus de los mismos y, sobre todo, de sus constreñimientos lógicos, ¿es posible defender que, cuando confían en dichos productos, sean racionales?

La respuesta, desde la racionalidad lógica, es que esto es posible si, a pesar de este nivel de ignorancia, los agentes cumplen con las siguientes tres condiciones: (1) realizan tareas inferenciales pertinentes de manera adecuada con la información contenida en los productos del uso de macrodatos, (2) exhiben comportamientos asociados a los estilos cognitivos y (3) están en posición de ofrecer narrativas tanto intrínsecas como extrínsecas tales que justifiquen la adopción de recursos inferenciales específicos dadas las necesidades del contexto en el que se encontraban. En lo que sigue buscaremos ilustrar esto con un estudio de caso.

5. Racionalidad lógica en la práctica

En esta sección, ofrecemos un estudio de caso, de epidemiología contemporánea, a través del cual se ilustra la forma en la que es posible considerar a los agentes epistémicos como racionales cuando implementan el uso de macrodatos en sus disciplinas científicas, a pesar de ser ignorantes de la estructura teórica de los productos de dicha implementación.

El surgimiento, en 2019, del nuevo coronavirus SARS-COV 2, ha tenido un impacto significativo en la implementación de macrodatos y aprendizaje de máquinas en las ciencias de la salud. Si bien antes de la aparición de dicho virus, la biomedicina era una de las áreas de la investigación científica que más se beneficiaba del uso de grandes bases de datos y métodos computacionales complejos, durante 2020 y 2021, el nivel de ignorancia que permea dicho uso se ha incrementado de forma sustancial, pero, contraintuitivamente, también lo ha hecho la confianza en los resultados de la implementación de estos recursos tecnológicos. En particular, el uso de modelos computacionales ha sido crucial para el registro de la detección, el rastreo diario y la predicción de nuevos casos en distintos países del mundo, así como para el estudio del virus mismo y la creación de las vacunas correspondientes.

Sin embargo, existe un vacío explicativo con respecto a la confiabilidad de los resultados ofrecidos por estos modelos computacionales. Por un lado, el rastreo y la predicción de casos globales es el resultado de la combinación de distintos recursos metodológicos, tales como modelos compartimentales (los cuales buscan simplificar la modelización de enfermedades infecciosas) con aprendizaje de máquinas. Lo cual hace que los indicadores para la reducción y el filtrado de los datos no dependan solamente del programador sino de la evolución, autocorrección e interacción entre los algoritmos diseñados para fines epidemiológicos y aquellos con propósitos, en algún sentido, más comerciales, como la geolocalización de dispositivos móviles (Cf. Villanustre *et. al.*, 2021).

En particular, "las intervenciones tecnológicas actuales basadas en la inteligencia artificial para la detección, el diagnóstico y la predicción de casos de COVID-19 se ven desafiadas en términos de precisión de clasificación" (Agbehadji *et. al.*, 2020, p. 12. La traducción es nuestra), esto mayormente porque carecemos de los recursos necesarios para evaluar de forma independiente los resultados obtenidos a través de esta implementación. Dicho esto, los agentes epistémicos que confían en los resultados de este uso de recursos tecnológicos, ignoran fuertemente tanto los procesos a través de los cuales se filtraron y estructuraron los datos, así como los constreñimientos lógicos de las bases de datos resultantes, siendo así ignorantes de la estructura teórica de los mismos.

Ahora bien, la implementación de macrodatos no solamente ha sido útil para predecir las vías de dispersión futuras del virus, sino también para simular rastreos hasta el punto de origen del mismo. Podemos, en el marco de la crisis pandémica de 2020, observar al menos tres desafíos que la comunidad científica trata de solucionar: establecer el origen del SARS-CoV-2, determinar medidas para contener el daño que ya se padece y tomar medidas para prevenir que los contagios continúen. Puntualmente, la postura de. Dr. Anthony Fauci, Director del Instituto Nacional de Alergias y Enfermedades Infecciosas de los Estados Unidos de América, un agente relevante tanto a nivel teórico como práctico, se presenta así:

- En tanto que las enfermedades infecciosas continuarán apareciendo y reapareciendo, conduciendo a epidemias impredecibles y grandes desafíos para la salud pública, la microbiología y sus ciencias aliadas. La supervisión es un elemento clave para controlar las infecciones emergentes, ello es observable en los esfuerzos globales de la OMS para contener la crisis del SARS en los años 2002 y 2003 (Morens, Faulkner y Fauci, 2004).

- Aunque en puede pensarse que las cuatro variantes de coronavirus endémicos para los humanos (Coronavirus b: OC43 y HKU1, y coronavirus a: 229E y NL63) se presentaron como virus zoonóticos altamente patógenos y posteriormente evolucionaron en formas atenuadas (Morens y Fauci, 2020, p. 1083), antes que concluir que el SARS-CoV-2 es también un virus zoonótico, hay que poner énfasis en que su vía de contagio es favorecida por el formato de las actividades humanas (Morens y Fauci, 2020, p. 1086).

- Aunque estamos lejos de resolver enigmas como el salto de las infecciones de una especie a otra, es posible anticipar situaciones críticas a través de la supervisión de grupos de virus emergentes. Observar los mecanismos de transmisión en agentes humanos; cambiar la forma en que las actividades humanas se llevan a cabo en favor de otras más balanceadas y que reduzcan el daño a la naturaleza, previniendo emergencias posteriores (Morens y Fauci, 2020, p. 1089).

A continuación, nos referiremos a los tres puntos que especificamos del tratamiento que Fauci sugiere respecto a la crisis del SARS-CoV-2 (supervisión, reserva de diagnóstico y propuesta de medidas de prevención), y los evaluaremos desde la perspectiva de los estilos cognitivos de la lista de Stanovich y la racionalidad lógica.

Respecto a la supervisión internacional, tal como la postula Fauci, puede observarse que el factor decisivo para tener éxito es el acopio y manejo de información; desde la perspectiva cognitivista, estas estrategias corresponde con las tendencias 1 a 3 que al ser ejercidas favorecen el comportamiento racional, i.e., la tendencia a recolectar información, a buscar varios puntos de vista y evaluar de manera extensa cada asunto; en este caso ello se traduce en volúmenes masivos de información, además de que el contar con participación internacional se traduce en distintas perspectivas y experiencias. Desde luego, un individuo en particular no puede hacer sentido de volúmenes masivos de información; sin embargo, tanto Fauci, como otros científicos y gobiernos, tienen que tomar decisiones a pesar de la opacidad que enfrentan y realizarlo de la manera más racional posible.

En la conclusión reservada respecto al origen del SARS-CoV-2, se observan en acción los estilos cognitivos 4 y 7, i.e. la tendencia a calibrar el grado de fuerza de creencia con respecto al grado de evidencia disponible, y la tendencia a buscar detalles finos y evitar visiones absolutas. Desde la perspectiva cognitivista, estas dos tendencias podrían favorecer el éxito de los agentes en la búsqueda de mejores hipótesis. Por otro lado, desde la perspectiva de la lógica filosófica, el énfasis no está tanto en el éxito de una hipótesis, sino, más bien en el siguiente hecho: conferir un carácter retractable a nuestras creencias y someterlas a revisión, especialmente cuando enfrentamos opacidad, es lo que podemos considerar como distintivo del comportamiento racional. En este caso en particular, dada la opacidad de los cuerpos de información a partir de los cuales hay que generar hipótesis, pero sobre todo siendo el caso que es menester tomar decisiones prácticas con consecuencias ostensibles es relevante observar lo siguiente: por una parte, conferir un carácter provisional a nuestras hipótesis acertadas es funcional (en tanto haya más instancias de confirmación podremos atribuirles mayor confiabilidad); en contraste, no conferir un carácter flexible y retractable a nuestras hipótesis erróneas podría tener costos muy elevados.

Con respecto a la proyección de medidas preventivas, se observan en acción las tendencias 5 y 6, i.e. la tendencia a pensar con respecto a las consecuencias futuras antes de llevar a cabo una acción, y la tendencia a explícitamente sopesar pros y contras. De nuevo, la razón por la que los cognitivistas apostarían por estas estrategias es que disminuyen efectivamente las condiciones de propagación del virus. Si buscamos una justificación respecto a por qué esta es una medida que podemos calificar como racional, la razón es que el pensamiento contrafáctico es un aspecto distintivo de lo propiamente racional. Es decir, epidemiólogos y gobiernos tienen que anticipar el costo que tendría instrumentar una medida preventiva con respecto a las consecuencias que podría tener no hacerlo; en este rubro entra también la evaluación de control de daños, i.e. si las complicaciones que pudiera implicar un evento son mucho más perjudiciales que la instrumentación de medidas preventivas, claramente lo segundo es preferible que lo primero.

El fin último por el que los gobiernos y organismos internacionales promueven el flujo distendido y dinámico de información (i.e. que los distintos países compartan los datos que acopian y la posibilidad de retractar las hipótesis con que se cuenta a la luz de nueva información), así como el ejercicio de medidas de prevención es la contención de la crisis sanitaria, no el ejercicio de la racionalidad. En esta sección, hemos defendido, sin embargo, que las estrategias diseñadas para evitar la propagación del virus corresponden con las tendencias del listado de Stanovich, y hemos defendido también que si podemos conferir a dichas tendencias un carácter distintivamente racional es porque éstas están justificadas por la lógica filosófica.

Conclusiones

A lo largo de este texto nos hemos preguntado cómo es posible conciliar los tipos de ignorancia y la opacidad epistémica que rodea las prácticas de implementación de macrodatos en las ciencias con la racionalidad de los científicos que confían en los productos de dichas prácticas.

En respuesta, hemos defendido tres tesis:

(I) La opacidad epistémica procedimental juega un papel central en las prácticas epistémicas asociadas a la implementación de macrodatos en las ciencias; especialmente en casos donde los procesos están diseñados para ser esencialmente opacos.

(II) La ignorancia que subyace mayormente a la implementación de macrodatos en las ciencias es ignorancia de la estructura teórica. Es decir, los científicos ignoran tanto los procedimientos que los algoritmos siguen como cuáles son los constreñimientos lógicos de los conjuntos de datos resultantes.

(III) Desde la racionalidad lógica, un agente epistémico es racional al depositar su confianza en los productos de procesos que le son epistémicamente opacos si y sólo si realiza tareas inferenciales pertinentes de manera adecuada con la información contenida en los productos del uso de macrodatos, exhibe comportamientos asociados a los estilos cognitivos y está en posición de ofrecer narrativas tanto intrínsecas como extrínsecas tales que justifiquen la adopción de recursos inferenciales específicos dadas las necesidades del contexto en el que se encontraban.

Agradecimientos

Martínez Ordaz agradece a los proyectos UNAM-PAPIIT IG400422 y Conahcyt CBF2023-2024-55 por financiamiento para la realización de esta investigación. Ramos García agradece al proyecto de Investigación "Bestias Proposicionales" (PROINV_23_16) por su apoyo para la realización de este artículo.

Referencias

Agbehadji, I. E., Awuzie, B. O., Ngowi, A. B., & Millham, R. C. (2020). Review of big data analytics, artificial intelligence and nature-inspired computing models towards accurate detection of COVID-19 pandemic cases and contact tracing, *International journal of environmental research and public health,* 17(15), p. 5330.

Arbesman, S. (2013). Five myths about big data, *Washington Post,* 16(08).

Barberousse A. and M. Vorms (2014). About the warrants of computer-based empirical knowledge, *Synthese,* 191(15), pp. 3595-3620.

Boyd, D, Crawford, K. (2012). Critical questions for big data: Provocations for a cultural, technological, and scholarly phenomenon, *Information, Communication & Society,* 15(5), pp. 662-679.

Burgess, J. P. (2009). *Philosophical logic.* Princeton University Press.

Carroll, J. B. (2003). The Higher-stratum Structure of Cognitive Abilities: Current Evidence Supports g and About Ten Broad Factors, en Nyborg, H. (ed.), *The Scientific Study of General Intelligence: Tribute to Arthur R. Jensen.* (pp. 5-21). Elsevier Science-Pergamon Press.

Easwaran, K. (2019). A classification of Newcomb problems and decision theories, *Synthese,* pp. 1-20.

Evans, J. S. B. (2003). In two minds: dual-process accounts of reasoning, *Trends in cognitive sciences,* 7(10), pp. 454-459.

Floridi, L. (2012). Big data and their epistemological challenge, *Philosophy & Technology,* 25(4), pp. 435-43.

Harman, G. (1984). Logic and reasoning. *Synthese,* 60(1), pp. 107-127.

Humphreys, P. (2009). The philosophical novelty of computer simulation methods, *Synthese,* 169(3), pp. 615-626.

Leonelli, S. (2014). What difference does quantity make? On the epistemology of Big data in biology, *Big data & Society* 1(1), pp. 1-11.

Macfarlane, J. (2020). *Philosophical Logic. A Contemporary Introduction.* Routledge.

Mackenzie, J. (1989). Reasoning and logic. *Synthese,* 79(1), pp. 99-117.

Manyika, J., Chui, M., Brown, B., et al. (2011). *Big data: The Next Frontier for Innovation, Competition, and Productivity.* McKinsey Global Institute.

Martínez Ordaz, M. del R. (2022). Is there anything special about the ignorance involved in Big Data practices? en Lundgren, B. L. y Núñez-Hernández, N. (Eds.) *Philosophy of Computing*, Philosophical Studies Series, Vol. 143.

Morens, D. M., y Fauci, A. S. (2020). Emerging Pandemic Diseases: How We Got to COVID-19. *Cell*, 182.

Morens, D. M., Folkers, G. K., y Fauci, A. S. (2004). The challenge of emerging and re-emerging infectious diseases. *Nature*, 430, 242. doi:10.1038/nature02759.

Morrison M. (2015). *Reconstructing Reality: Models, Mathematics, and Simulation*. New York, NY: Oxford University Press.

Nadel, L., y Piattelli-Palmarini, M. (2003). What is cognitive science, *Encyclopedia of cognitive science*, London: Macmillan.

Skelac, I. (2017). What we talk about when we talk about logic as normative for reasoning, *Philosophies*, 2(2), p.8.

Stanovich, K. E. (2009). *What Intelligence Tests Miss: The Psychology of Rational Thought*. Yale University Press.

Stanovich, K. E., West, R. F., y Toplak, M. E. (2016). *The rationality quotient: Toward a test of rational thinking*. MIT press.

Sternberg, R. J. y Grigorenko, E. L. (1997). Are cognitive styles still in style? *American psychologist*, 52(7), p. 700.

Villanustre, F., Chala, A., Dev, R., Xu, L., Furht, B., y Khoshgoftaar, T. (2021). Modeling and tracking COVID-19 cases using Big Data analytics on HPCC system platform, *Journal of big Data*, 8(1), pp. 1-24.

Capítulo 6

Complejidad del problema de Implicación Lógica en Inteligencia Artificial: lecciones sobre deducción y conocimiento

Nancy Abigail Nuñez Hernández

Introducción

En vista de su vertiginoso progreso, el aprendizaje de máquinas se ha convertido en uno de los principales focos de atención en las investigaciones y discusiones respecto a Inteligencia Artificial, desplazando al razonamiento automatizado a pesar de que ambos han estado entrelazados en el desarrollo de Inteligencia Artificial. A ese desplazamiento contribuye que, si bien tanto el aprendizaje de máquinas como el razonamiento automatizado son fundamentales en Inteligencia Artificial, su estudio se suele abordar por separado. De acuerdo con Marco Gori, "las raíces de dicha separación se encuentran en las diferentes matemáticas con las que construimos teorías. Mientras que el aprendizaje de máquinas se basa mayormente en matemáticas continuas, el razonamiento automatizado está construido principalmente sobre lógica" (Gori, 2018, p. 373). Debido a que está construido sobre lógica, en el razonamiento automatizado la relación de implicación lógica juega un papel fundamental. La relación de implicación lógica conlleva una complejidad que puede arrojar luz sobre algunos problemas epistémicos dentro de la filosofía de la lógica, tales como determinar si la deducción conlleva o no un aporte epistémico. El objetivo de este trabajo es apelar a la complejidad del problema de Implicación Lógica como una alternativa para cuantificar el aporte epistémico de la deducción.

Este trabajo está estructurado en tres partes. La primera parte ofrece una exposición general del papel que juega la relación de implicación lógica en Inteligencia Artificial. La segunda sección se compone de una explicación de los principales conceptos de la Teoría de la Complejidad Computacional, incluyendo una explicación de la complejidad del problema de decisión conocido como Implicación Lógica o LE por sus siglas en inglés *Logical Entailment*. En la tercera sección se esbozan las principales líneas de una propuesta epistemológica basada en la complejidad del problema de la Implicación Lógica, con el objetivo de defender la tesis de que la deducción conlleva un aporte epistémico significativo.

1. Inteligencia Artificial e Implicación Lógica

Además de ser ampliamente usados en el razonamiento matemático, los sistemas lógicos tienen numerosas aplicaciones en la Inteligencia Artificial –especialmente en el área de representación de conocimiento y razonamiento, así como en muchas áreas de las ciencias de la computación tales como teoría de bases de datos, análisis de programación, y verificación deductiva. Si bien el uso de sistemas lógicos en cada una de estas áreas es guiado por determinados objetivos específicos, la metodología de base es la misma: a los axiomas lógicos y las reglas de inferencia del sistema lógico se le añaden determinados axiomas y reglas no-lógicos que describen el área en cuestión. Los axiomas y reglas lógicos y no-lógicos constituyen una teoría formal en la que el razonamiento formal se lleva a cabo por medio de derivaciones a partir de un conjunto de suposiciones dentro de un sistema deductivo. Lo anterior da cuenta de que la relación de implicación lógica es fundamental en Inteligencia Artificial.

En los sistemas deductivos clásicos (como los de Hilbert, Gentzen, o Prawitz, por ejemplo), la implicación lógica se entiende como una relación entre proposiciones tal que una proposición α implica una proposición β si y sólo si no es posible que α y β sea falsa, lo que formalmente se expresa como $\alpha \models \beta$. La implicación lógica concebida en los términos de la lógica clásica ha jugado un papel central en el desarrollo de la Inteligencia Artificial, principalmente debido a la importancia que tienen los sistemas lógicos en el razonamiento automatizado. Un sistema de razonamiento automatizado está basado en lenguajes formales lógicos para describir axiomas, hechos, suposiciones, conjeturas y reglas de inferencia, aunado a un sistema de implementación algorítmica para deducción y razonamiento formal. Por ejemplo, este tipo de sistemas se pueden usar para probar o refutar conjeturas, en cuyo caso se habla de *demostradores automáticos de teoremas*. Si bien el razonamiento automatizado quizá no goza de la misma popularidad que el aprendizaje de máquinas, es imprescindible para comprender las bases sobre las que se ha desarrollado la Inteligencia Artificial. Además, el razonamiento automatizado "tiene un gran número de aplicaciones importantes no sólo en lógica y matemáticas, sino también en ciencias de la computación, ingeniería, e inteligencia artificial, donde inicialmente fue considerado como el enfoque más fundamental" (Goranko, 2016, p. 254).

Los orígenes de los sistemas de Inteligencia Artificial basados en sistemas lógicos se pueden rastrear al programa llamado "Logic Theorist" desarrollado en 1956 por Simon, Newell y Shaw. Este programa era capaz de probar teoremas matemáticos con la ayuda de reglas sintácticas de inferencia y se le considera como uno de los primeros programas para hacer inferencias lógicas;[1] de hecho, este programa fue capaz de probar 38 de los 52 teoremas del segundo capítulo de *Principia Mathematica* de Whitehead y Russell (1913). A pesar de que este programa tuvo una influencia limitada en el desarrollo posterior de la Inteligencia Artificial en general, y en la deducción automatizada en particular, marcó la pauta para el desarrollo de algoritmos de razonamiento automatizado basados en sistemas lógicos clásicos, ya que su funcionamiento está basado en representación de conocimiento para procesar información de acuerdo con reglas de la lógica clásica como el *Modus Ponens*[2].

Además de su importancia en el razonamiento automatizado, los sistemas lógicos y la relación de implicación lógica también son fundamentales en el área de Inteligencia Artificial conocida como representación de conocimiento y razonamiento. Los agentes inteligentes que razonan sobre Bases de Conocimiento (*KB* por sus siglas en inglés) son capaces de resolver problemas complejos a través de inferencias lógicas. A grandes rasgos, una Base de Conocimiento es un conjunto de enunciados expresados en un lenguaje formal como el de la lógica de primer orden. Una de las tareas a las que se enfrenta un agente inteligente que razona sobre Bases de Conocimiento es determinar sus implicaciones, es decir, razonar para computar las implicaciones de la Base de Conocimiento o *KB*, o decidir si dado un enunciado α, es el caso que $KB \vDash \alpha$. Decidir si $KB \vDash \alpha$, es decir, si *KB* implica α es precisamente el problema conocido como Implicación Lógica. De acuerdo con

---

1. Algunos autores como Russell y Norvig (2002, p. 234) señalan que probablemente el primer dispositivo mecánico capaz de hacer inferencias lógicas fue el Demostrador de Stanhope elaborado por el Conde de Stanhope (1753-1816), mientras que en 1869 William Stanley Jevons construyó el "piano lógico", capaz de hacer inferencias de lógica Booleana.

2. En el programa, dicha regla es implementada mediante el método que llaman "Detachment".

Russell y Norvig (2002, p. 203), para entender la complejidad de este problema puede ser útil pensar en la Base de Conocimiento o *KB* como un pajar y en α como una aguja. La implicación es como la aguja estando en el pajar; la inferencia que decide la implicación es como encontrar la aguja. En la siguiente sección se explica de manera precisas cuál es la complejidad del problema de Implicación Lógica en Inteligencia Artificial.

2. Complejidad del problema de Implicación Lógica

Implicación Lógica (LE por las siglas en inglés de *Logical Entailment*) es el problema de decidir si una base de conocimiento *KB* implica una fórmula , es decir, se trata del problema de decidir si $KB \models \alpha$. De acuerdo con la Teoría de la Complejidad Computacional, LE es un problema que pertenece a la clase de problemas coNP-completos, por lo que para comprender la complejidad de este problema es necesario explicar algunas de los conceptos fundamentales de esta disciplina. La Teoría de la Complejidad Computacional estudia y asigna medidas matemáticas precisas a problemas que pueden ser resueltos mediante un procedimiento mecánico o algoritmo, también conocidos como problemas de decisión, cada uno de los cuales corresponde a un conjunto X respecto al que se desea establecer pertenencia. Este tipo de problema puede ser resuelto por un algoritmo en un número finito de pasos dado cualquier *input* o entrada[3]. Alan Turing propuso una formalización para esta noción de algoritmo conocida como máquina

3. Existen varias formalizaciones para esta noción intuitiva de un algoritmo como un procedimiento mecánico finito para resolver problemas de decisión, como la que fue propuesta por Alonzo Church (1936) o la que fue propuesta por Alan Turing (1937) de manera independiente; de acuerdo con la Tesis Church-Turing, ambas formalizaciones son independientes.

de Turing, la cual es ampliamente empleada por científicos de la computación para explicar la noción de algoritmo.

Dado que algunos problemas de decisión parecen más fáciles de resolver que otros, los problemas de decisión son clasificados de acuerdo con una caracterización matemática precisa conocida como complejidad. La complejidad de un problema de decisión depende de los recursos computacionales que consume una máquina de Turing antes obtener la solución del problema; la complejidad es calculada como una función de la entrada del problema. Los recursos computacionales más notables son espacio (la cantidad de memoria que necesita la máquina para obtener la solución del problema o para detenerse) y tiempo (la cantidad de tiempo que requiere la máquina para obtener la solución del problema o para detenerse).

Así pues, la complejidad de los problemas de decisión –también denominados lenguajes– está dada por la cantidad de tiempo o espacio requerida para resolver el problema.[4] Dichas medidas están expresadas empleando la notación conocida como *Big-O*, la cual expresa una cota asintóticamente ajustada sobre el tiempo de ejecución hacia arriba, o para simplificar, una cota asintótica con límite superior. Cuando está notación es empleada para medir complejidad, la complejidad en tiempo y espacio de un problema son medidas en términos del peor escenario de tiempo o espacio que requiere el algoritmo más eficiente para resolver el problema. Sean $f: \mathbb{N} \to \mathbb{N}$ y $g: \mathbb{N} \to \mathbb{N}$ y dos funciones. Se dice $f = O(g)$ que si existe una constante $c > 0$ tal que $f(n) \leq cg(n)$. A grandes rasgos, $f = O(g)$ significa que crece tanto como g o menos.

El $T(n)$ tiempo necesario para resolver un problema $T(n)$ es el tiempo $T(n)$ en el cual se computa la función característica f

---

4. La explicación que se ofrece a continuación está basada en (Arora y Barak, 2009; Goldreich, 2010).

de L^5 Una función f es computada en tiempo L si para cualquier entrada s, la máquina de Turing M que computa f se detiene con el *output* o respuesta $f (s)$ en un máximo $O(T(|s|))$ de pasos, o en otras palabras, M corre en tiempo $O(T(|s|))$. Entonces se dice que la función característica que resuelve L tiene una complejidad de $O(T(|s|))$ tiempo. Si consideramos el tiempo, la primera clase a considerar es la clase de problemas que se pueden resolver en tiempo-polinomial o P. Una función f es computable en tiempo-polinomial (tiempo $O(T(|s|)^\alpha)$ donde α es una constante) si existe un polinomio p para el que f es computable en tiempo $p(n)$. Esta clase también es conocida como el conjunto de problemas que se pueden resolver en tiempo-polinomial por una máquina de Turing determinista, y se acepta ampliamente la idea de que un algoritmo de tiempo-polinomial ofrece una solución al problema de manera eficiente.

Para algunos problemas no se conoce un algoritmo capaz de ofrecer una solución en tiempo-polinomial (es decir, no hay una manera eficiente de resolverlos) pero es fácil verificar en tiempo-polinomial las soluciones propuestas para estos problemas. Estos problemas pertenecen a la clase denominada NP. Para un problema o lenguaje L en NP hay un polinomio p y una relación de verificación computable en tiempo-polinomial R tal que una cadena es miembro x de L si y sólo si hay una cadena que sirve como certificado o testigo de membresía de en L, la longitud de está limitada por un polinomio $p(|x|)$, y se sostiene que $R(x,y)$.

Otra manera de entender los problemas NP es señalando que no hay una manera fácil de resolverlos, es decir, no hay un algoritmo que corra en tiempo-polinomial para resolver todas y cada

---

5. Se usa "" para hacer referencia a problemas de decisión debido a que, como se ha mencionado antes, en teoría de complejidad computacional los problemas también son conocidos como lenguajes.

una de las instancias de un problema en NP, y la mayoría de los algoritmos disponibles para resolver instancias de problemas en NP son algoritmos de *fuerza bruta*.[6] Sin embargo, una vez que se cuenta con una propuesta de solución, es fácil verificarla a través de algoritmo que corra en tiempo-polinomial. De hecho, el nombre "NP" corresponde al inglés *non-deterministic polynomial-time* que se puede traducir como tiempo-polinomial no determinista; muchos científicos de la computación se refieren a esta clase de problemas como problemas que pueden ser computados por una máquina de Turing no determinista en tiempo-polinomial.

Los problemas que pueden ser computados por una máquina de Turing determinista también pueden ser computados por una máquina de Turing no determinista, lo que significa que P ⊆ NP. Es decir, los teóricos de la complejidad computacional no saben si P y NP son dos clases diferentes o si es posible encontrar soluciones a los problemas en NP en tiempo-polinomial, pero la mayoría de estos científicos creen que P y NP son clases diferentes. Por lo tanto, los problemas en NP son generalmente considerados más difíciles que los problemas en P. Cuando un problema es tan difícil de computar como cualquier otro problema en NP, se dice que es un problema NP-difícil; si el problema está en NP y es NP-difícil, entonces se dice que es NP-completo. Un ejemplo de un problema NP-completo es el problema de la satisfactibilidad booleana, que es el problema de decidir si existe una asignación de valores que satisfaga una fórmula dada de la lógica proposicional. Este problema es conocido como SAT (por satisfactibilidad).

De modo que si un problema o lenguaje L está en NP, es posible verificar fácilmente que algún x está en L dado un certificado

---

6. Es decir, algoritmos que prueban cada solución posible hasta que encuentran la correcta, de manera que estos algoritmos pueden requerir tiempo-exponencial para encontrar la solución correcta.

sucinto (de tamaño polinomial) o prueba en ocasiones llamada "testigo" de que x está en L (de modo tal que es posible decir que x sí está en L o es una instancia 'sí' de L).Entonces, el complemento de este lenguaje es el conjunto de todas las instancias para las que no hay dichos certificados o pruebas; coNP es la clase de todos los lenguajes tales que su complemento está en NP, es decir, coNP= $\{\bar{L} \mid L \in NP\}$. Cuando un lenguaje está en L coNP, no es posible verificar fácilmente que una instancia y está en ese lenguaje L pero si es posible verificar fácilmente si y no está en L. Es ese caso, es posible contar con un descalificador sucinto (de tamaño polinomial) o refutador que da cuenta de que y no está en L; de modo que se puede afirmar que y es una instancia 'no' de L. Mientras que para los problemas o lenguajes en NP es posible verificar eficientemente que una instancia es miembro del lenguaje, para los que están en coNP es posible verificar eficientemente que una instancia no es miembro del lenguaje, es decir, refutarla eficientemente. En otras palabras, si $L \in NP$, entonces para cada x que es una instancia 'sí' de L es posible probar eficientemente que $x \in L$. Y si $L \in coNP$, entonces para cada y que es una instancia 'no' de L, es posible probar eficientemente que $y \notin L^7$.

Implicación Lógica (LE por las siglas en inglés de *Logical Entailment*) es el problema de decidir si una base de conocimiento KB implica una fórmula α, i. e. si $KB \vDash \alpha$. Es evidente que el problema de Implicación Lógica o LE ofrece una caracterización precisa de la deducción. LE es un problema coNP-completo, de modo que no es posible garantizar que, dada una instancia cualquiera, será posible resolver el problema correctamente en tiem-

---

7. Otra pregunta importante en teoría de la complejidad computacional que sigue abierta es respecto a las clases NP y coNP: no se sabe si NP=coNP pero muchos científicos de la computación creen que se trata de dos clases diferentes. (Arora y Barak, 2009) ofrece una explicación de esta cuestión.

po-polinomial, ni es posible garantizar que será posible verificar presuntas respuestas 'sí' en tiempo-polinomial (es decir, respuestas afirmativas a la pregunta por la pertenencia de una instancia a un lenguaje coNP-completo).

Debido a que no es posible verificar en tiempo-polinomial que una instancia pertenece a un problema coNP-completo, no siempre será posible estar en posición de saber que determinadas premisas implican cierta fórmula, ni será posible estar en posición de verificar en tiempo-polinomial respuestas afirmativas a la pregunta respecto a si una base de conocimiento implica KB una fórmula α. Por lo tanto, que Implicación Lógica sea un problema coNP-completo muestra que no poseemos las bases epistémicas para saber la solución a instancias del problema de Implicación Lógica o LE, es decir, no es el caso que siempre sepamos a priori la conclusión de un argumento deductivo o si una KB implica una fórmula α.

3. Complejidad de Implicación Lógica y el aporte epistémico de la deducción

En los sistemas lógicos correctos y completos, la validez de la deducción se suele explicar apelando a que la conclusión de un argumento deductivo válido preserva la verdad de las premisas que la implican porque la conclusión está contenida en ellas[8]. Por esta razón, podría creerse que la deducción ofrece un aporte epistémico nimio si se asume que el conocimiento del conjunto premisas garantiza que se tenga conocimiento de la conclusión contenida en ese conjunto de premisas. Siguiendo a C. D. Broad, Jaakko Hintikka (1970) critica esa creencia y la llama el escándalo de la deducción.

---

8. Vale la pena mencionar que recientemente Hartry Field (2015) ha cuestionado la conexión entre validez y preservación de verdad.

En respuesta, Hinitkka desarrolla una propuesta lógica centrada en la distinción entre información profunda e información superficial[9]. Muchos otros lógicos se han concentrado en la informatividad de la deducción para solucionar al escándalo de la deducción y dar cuenta del aporte epistémico de la deducción: la propuesta del modelo de urna (Rantala, 1979), la lógica de creencia explícita e implícita (Levesque, 1984; Fitting, 2004), la lógica de conciencia (Fagin y Halpern, 1987), y la lógica de mundos imposibles (Jago, 2013; Berto y Jago, 2019), entre muchos otros. El enfoque por seguir en este trabajo se diferencia de esos esfuerzos en tanto que busca evidenciar cómo la complejidad del problema de Implicación Lógica da cuenta del aporte epistémico de la deducción.

Teniendo en cuenta la noción estándar de validez, se puede decir que cuando una Base de Conocimiento implica una fórmula, la fórmula está contenida en la Base de Conocimiento. Sin embargo, puede no ser fácil decidir si una fórmula dada es implicada por una Base de Conocimiento *KB* debido a que el problema de Implicación Lógica (LE) pertenece a la clase de problemas coNP-completos. Dado que LE es un problema coNP-completo, si se adivina al azar que *KB* implica x y esto resulta ser correcto, no es posible verificarlo eficientemente (asumiendo que NP≠coNP). Pero si existe una prueba de que *KB* no implica α y si se adivina o se tiene la prueba, entonces es posible verificar la corrección de la prueba en tiempo-polinomial. Esta sería una manera eficiente de saber que algo no está en está en lenguaje LE o Implicación Lógica, es decir, de saber que *KB* no implica α. Pero solo es posible hacerlo si dicha prueba nos es dada (por un oráculo, por ejemplo) o si tenemos la suerte de adivinarla (lo que es muy poco probable,

---

9. Una explicación de la propuesta de Hintikka se encuentra en (Sequoiah-Grayson, 2008).

a menos que sostenga la igualdad de otras dos clases de complejidad: RP y NP). Por ende, resolver instancias del problema de Implicación Lógica es un reto cuyo aporte epistémico no se puede menospreciar.

Para entender en qué sentido decidir si $KB \models \alpha$ conlleva un aporte epistémico significativo, es necesario recordar que al hablar de resolver una instancia de un problema de decisión se está hablando de usar un procedimiento eficiente, es decir, un algoritmo que dará la respuesta correcta para cualquier instancia del problema. Para los problemas que son coNP-completos como el de Implicación Lógica o LE, no existe ese tipo de algoritmo, así que no es posible resolver todas y cada una de las instancias de dicho problema (a pesar de que algunas sean relativamente sencillas de inferir). Para resolver una instancia de LE o decidir si $\alpha \models \beta$ sería necesario comprobar que β es verdadera en cada mundo posible en el que α es verdadera. Si bien las tablas de verdad son un procedimiento mecánico capaz de decidirlo, para hacerlo sería necesario "enumerar todos los modelos, y revisar que α es verdadera en todo modelo en el que KB es verdadera" (Russell y Norvig, 2002, p. 208). Pero "si α y β contienen n símbolos, entonces hay 2^n modelos. ...*Desafortunadamente, todos los algoritmos de inferencia conocidos para la lógica proposicional tienen una complejidad exponencial...* No esperamos nada mejor que esto debido a que la implicación proposicional es coNP-completa" (Russell y Norvig, 2002, p. 209).

Si bien no es imposible resolver algunas instancias de LE a través de métodos de búsqueda local, algoritmos de resolución, o algoritmos de *backtracking* entre otros, en general en el peor de los casos estos algoritmos correrán en tiempo-exponencial. Luego, no es el caso que siempre sea posible saber en poco tiempo si una Base de Conocimiento KB implica una fórmula α. Por ende, no es el caso que siempre estemos en posición de saber si una Base de

Conocimiento o un conjunto de premisas implica una fórmula, por lo que llegar a saberlo conlleva un aporte epistémico que se puede entender en términos de la complejidad computacional del problema LE.

No hay una definición filosófica precisas de la noción de "estar en posición de saber", de modo que la expresión debe entenderse de manera intuitiva. Como lo explican Marian David y Ted Warfield, "no hay un análisis estándar de lo que significa 'estar en posición de saber' –algo que podamos conectar en un principio" (David y Warfield, 2008, p. 170). De modo que la expresión "estar posición de saber algo" es usada de manera más o menos laxa por los filósofos. Sin embargo, el consenso indica que si uno no está en posición epistémica de saber una proposición p, entonces uno no sabe que p. Jonathan Kvanvig explica la principal razón para dicho consenso: "…entendemos 'en una posición para saber' en términos de poseer las bases epistémicas necesarias para el conocimiento" (Kvanvig, 2006, p. 260).

Así pues, si no poseemos las bases epistémicas para saber algo, entonces es razonable asumir que no lo sabemos. En el caso de un problema coNP-completo como lo es Implicación Lógica, no es posible garantizar que para cualquier instancia del problema será posible resolverlo correctamente en tiempo-polinomial, ni es posible garantizar que se podrá verificar en tiempo-polinomial presuntas instancias de respuestas afirmativas (o de 'sí') a la pregunta por la pertenencia de la instancia al lenguaje en coNP. Por lo tanto, no poseemos las bases epistémicas para saber siempre la solución a una instancia del problema de Implicación Lógica, y por ello resolver alguna instancia conlleva un aporte epistémico significativo en tanto que permite saber la solución de un problema que previamente era desconocida y requiere de la inversión de una cantidad considerable de recursos computacionales.

Conclusiones

La relación de implicación lógica, concebida en términos de la lógica clásica, ha jugado un papel fundamental en el desarrollo de agentes inteligentes capaces de demostrar teoremas, o capaces de razonar sobre representaciones de conocimiento, entre otros. Los agentes inteligentes que deben determinar si una Base de Conocimiento KB implica cierta fórmula α ilustran la complejidad de decidir si $KB \models \alpha$; en vista de que se trata de un problema coNP-completo, no hay un algoritmo que corra en tiempo-polinomial que para cada instancia pueda decidir si ésta pertenece al lenguaje de Implicación Lógica. Por ende, no es el caso que estos agentes inteligentes siempre sean capaces de saber si una KB implica cierta fórmula α; de hecho, dado que no hay un algoritmo eficiente capaz de establecer pertenencia en dicha clase o conjunto de problemas, estos agentes no poseen las bases epistémicas para saber si una KB implica cierta fórmula α.

Los seres humanos no nos encontramos en mejor posición, pues tampoco estamos en una posición epistémica que nos permita saber si un conjunto de premisas o una Base de Conocimiento implica cierta proposición. Sin embargo, precisamente gracias a ello se puede afirmar que encontrar la solución a una instancia determinada de Implicación Lógica conlleva un aporte epistémico significativo, puesto que encontrar dicha solución exigen la inversión de una gran cantidad de recursos computacionales y contribuye con nuevo conocimiento.

Así pues, la pertenencia de Implicación Lógica a la clase coNP-completo muestra que la deducción conlleva un aporte epistémico, ya que evidencia la complejidad de determinar si una Base de Conocimiento o un conjunto de premisas implica cierta fórmula. La complejidad del problema de Implicación Lógica (es decir, su pertenencia a la clase coNP-completa) muestra que no sólo es difícil saber si una Base de Conocimiento (o un conjunto de premisas) implica una fórmula, sino que además es difícil verificar la respuesta. Dado que es poco probable que siempre sea posible estar en posición de saber que un conjunto de premisas implica cierta proposición, llegar a saberlo conlleva un aporte epistémico significativo.

Referencias

Arora, S., y Barak, B. (2009). *Computational complexity: A modern approach*. Cambridge University Press.

Berto, F., y Jago, M. (2019). *Impossible worlds*. Oxford University Press.

Church, A. (1936). An unsolvable problem of elementary number theory. *American Journal of Mathematics, 58* (2), pp. 345-363.

David, M., y Warfield, T. A. (2008). Knowledge-closure and skepticism. En Smith, Q. (Ed.), *Epistemology: New essays*. Oxford University Press.

Fagin, R., y Halpern, J. Y. (1987). Belief, awareness, and limited reasoning. *Artificial intelligence, 34* (1), pp. 39-76.

Field, H. (2015). What is logical validity. *Foundations of logical consequence*, pp. 33-70.

Fitting, M. (2004). A logic of explicit knowledge. *Logica Yearbook*, pp. 11-22.

Goldreich, O. (2010). *P, np, and np-completeness: The basics of computational complexity*. Cambridge University Press.

Goranko, V. (2016). *Logic as a tool: A guide to formal logical reasoning*. John Wiley & Sons.

Gori, M. (2018). Chapter 6 - learning and reasoning with constraints. In Gori, M. (Ed.), *Machine learning* (pp. 340-444). Morgan Kaufmann.

Hintikka, J. (1970). Information, deduction, and the a priori. *Nous*, pp. 135-152.

Jago, M. (2013). The content of deduction. *Journal of Philosophical Logic, 42* (2), pp. 317-334.

Kvanvig, J. L. (2006). Closure principles. *Philosophy Compass, 1* (3), pp. 256-267.

Levesque, H. (1984). A logic of implicit and explicit belief. En *Proceedings of the national conference on artificial intelligence*. (pp. 198-202).

Newell, A., y Simon, H. (1956). The logic theory machine–a complex information processing system. *IRE Transactions on information theory, 2* (3), pp. 61-79.

Rantala, V. (1979). Urn models: a new kind of non-standard model for first- order logic. In *Game-theoretical semantics* (pp. 347-366). Springer.

Russell, S., y Norvig, P. (2002). *Artificial intelligence: a modern approach* (2nd ed.). Prentice Hall.

Sequoiah-Grayson, S. (2008). The scandal of deduction. *Journal of Philosophical Logic, 37* (1), pp. 67-94.

Turing, A. M. (1937). On computable numbers, with an application to the entscheidungs problem. *Proceedings of the London Mathematical Society,* s2-42 (1), pp. 230-265.

Whitehead, A. N., y Russell, B. (1913). *Principia mathematica.* Cambridge University Press.

Capítulo 7
Cómo explicarle el cambio a un robot: una introducción al problema del marco

Elisángela Ramírez Cámara

Este texto ofrece una introducción corta y gentil al problema del marco. Brevemente, el problema del marco resalta una distinción que parece que trazamos intuitivamente cuando separamos los efectos de una acción de todas aquellas cosas que permanecen sin cambio, y señala que esta distinción, aparentemente inofensiva, en realidad es difícil de formalizar de tal modo que se representen los efectos de una acción en el sistema sin tener que representar también una cantidad considerable de hechos que se mantienen sin cambios. Este problema tiene implicaciones importantes para un tipo muy específico de inteligencia artificial basada en la lógica formal. El problema del marco también da lugar a preguntas muy interesantes acerca de cómo razonamos acerca del cambio algunas áreas de la filosofía, como la epistemología y las ciencias cognitivas, lo que lo hace un excelente punto de partida para adentrarse en el estudio de otros problemas relacionados con el razonamiento formal acerca del cambio.

La estructura del texto es la siguiente. En la primera sección, se desarrolla un ejemplo muy sencillo del problema del marco: tratar de representar que un objeto que ha sido pintado de azul sigue siendo azul incluso si su posición cambia. Construir este

ejemplo permitirá presentar de una manera informal algunos de
los conceptos esenciales para comprender formulaciones más técnicas del problema del marco. El ejemplo también muestra de manera muy clara las preocupaciones asociadas con el problema del
marco. Una vez que éstas hayan sido enumeradas, concluiremos
esta sección argumentando que, aunque una salida fácil consiste
en decir que una formalización defectuosa (es decir, susceptible al
problema del marco) es mejor que no tener ninguna, una respuesta igualmente sencilla consiste en decir que no porque tengamos
una formalización más o menos funcional deberíamos dejar de
explorar las alternativas.

En la segunda sección, el problema del marco aparece situado dentro del contexto más general del razonamiento acerca del
cambio. Para hacer esto, identificamos dos familias de problemas:
la que surge al razonar de las causas hacia los efectos, y la que se
produce cuando rastreamos las causas de un efecto previamente
estipulado. Colocar el problema del marco dentro del contexto
más general de los problemas de la proyección temporal hacia el
presente y hacia el futuro permitirá resaltar las semejanzas que sugieren que en lugar de ser tratados de manera aislada, todos estos
problemas podrían tener una solución común. La tercera sección
trata precisamente acerca de las soluciones mejor estudiadas a los
problemas de la proyección temporal. En particular, la sección 3
ofrece un acercamiento a dos formalismos no-monotónicos: la circunscripción y el razonamiento por defecto. Como el resto del
texto, este acercamiento está pensado especialmente para aquellas
personas que aún no cuentan con las herramientas formales para
adentrarse en otros textos más avanzados. La última sección presenta un breve resumen de los objetivos principales del texto e incluye algunas recomendaciones para aquellas personas que deseen
estudiar estos problemas con mayor detalle o familiarizarse con las
discusiones filosóficas que han surgido en torno a ellos.

1. Un ejemplo sencillo del problema del marco

Consideremos un par de oraciones en un lenguaje semiformal que describen los efectos de pintar un objeto de algún color y de cambiarlo de posición.

Pintar $(x, c) \to$ Color (x, c) Mover $(x, p) \to$ Posición (x, p)

Intuitivamente, estos enunciados se leen como "Si pintamos el objeto x de un color c, entonces es el caso que el objeto x es de color c" y "Si movemos el objeto x a la posición p, entonces es el caso que el objeto x está en la posición p", respectivamente. Utilizando estos enunciados, podemos formalizar un ejemplo concreto muy sencillo que involucra pintar una taza de color azul y moverla de la cocina hacia el patio. Sustituyendo las variables correspondientes, tenemos que:

Pintar $(t, azul) \to$ Color $(t, azul)$

Mover $(t, patio) \to$ Posición $(t, patio)$

El conflicto entre nuestras intuiciones y la teoría es el siguiente: a partir de la información de que pintamos la taza de azul y la movemos al patio, podemos concluir sin mayor dificultad que la taza sigue siendo azul. Sin embargo, la teoría formal que consiste únicamente en nuestros dos enunciados y la lógica clásica de primer orden no nos permite obtener esta conclusión de una manera evidentemente sencilla e intuitiva. El primer paso hacia la solución es bastante obvio; podemos enriquecer la teoría e incluir enunciados adicionales que nos permitan obtener la conclusión deseada. En el caso del ejemplo, necesitamos un enunciado como el siguiente:

Color $(t, azul) \to$ (Mover $(t, patio) \to$ Color $(t, azul)$)

De manera más general, el problema consiste en especificar formalmente los no efectos de una acción. Si el axioma de arriba expresa que el color de un objeto no es afectado por un cambio de posición, el axioma:

Posición (t, *cocina*) → (Pintar (t, *azul*) → Posición (t,*cocina*))

expresa que pintar un objeto no afecta la posición en la que se encuentra.

Si bien hay un choque importante entre el formalismo y nuestras intuiciones, en realidad no parece haber otro asunto realmente problemático aquí. Sin embargo, este es un ejemplo muy concreto y sencillo, involucrando únicamente dos acciones (Mover y Pintar) y dos propiedades (Color y Posición). Para que una teoría formal acerca del cambio sea realmente aplicable, tenemos que considerar que los casos verdaderamente interesantes involucran un mayor número de acciones y estados en interacción. Además, parece aceptable admitir la *ley de sentido común de la inercia*: mantendremos que una acción no afectará propiedad alguna de la situación a menos que exista evidencia que apoye la conclusión contraria. Esto se traducirá en que por cada M acciones y N propiedades que no son afectadas por cada acción, necesitaremos cerca de MN axiomas para poder obtener las conclusiones pertinentes dentro de la teoría.

Con M y N suficientemente grandes, la cantidad de axiomas requeridos es tan grande que da pie a las siguientes preocupaciones:

1. Leer, escribir y almacenar tantos axiomas consume demasiados recursos.

2. Es poco elegante y contraintuitivo.

3. La búsqueda de los axiomas apropiados para evaluar los efectos de una acción particular también consume una cantidad importante de recursos.

4. Los axiomas rara vez resultan (absolutamente) verdaderos.

Quizá a simple vista parezca que esta lista de preocupaciones no es realmente problemática, ya que siempre hay espacio para tratar de argumentar que una solución que no es ideal sigue siendo mejor que carecer de solución.

Además, parece que algunas preocupaciones pueden ser respondidas casi inmediatamente. Por ejemplo, contra (2) podría argumentarse que una solución a un problema que involucra formalizar el lenguaje natural no tiene que ser intuitiva, pues sabemos que hay aspectos en los que los lenguajes formales son mucho más pobres que los naturales y es de esperarse que haya que hacer sacrificios de elegancia e intuitividad en favor de la formalización. De igual manera, aunque (4) expresa una preocupación genuina, también existe la vía argumentativa en la que los axiomas no son más que idealizaciones que nos permiten representar el cambio.

El argumento de la idealización también se le puede aplicar a las preocupaciones (1) y (3), pero con mucho menor éxito. En ocasiones es iluminador pensar que un razonador con una cantidad ideal de recursos podría simplemente almacenar y buscar una lista interminable de axiomas, pero en otras ocasiones preferimos que las soluciones a los problemas de hecho puedan ponerse en práctica. En otras palabras, aunque una solución parezca aceptable desde un punto de vista puramente formal, de ahí no se sigue que sea aceptable desde cualquier punto de vista. En particular, desde el punto de vista de áreas como la inteligencia artificial donde la implementación y la aplicabilidad también importan, no basta con que una solución involucre un formalismo arbitrario para que cuente como una buena solución.

2. El problema formal del marco y sus derivados

Las preocupaciones expuestas en la sección anterior bien pueden leerse como una invitación para abandonar los axiomas del marco en favor de una manera de formalizar la *ley de sentido común de la inercia* que sea concreta, elegante, intuitiva y capaz de lidiar con las excepciones que se pueden identificar para casi cualquier acción. Aquí consideraremos que esta maniobra va de un problema particular –el problema del marco– hacia un problema más general. El *problema de la permanencia* es aquí el problema de formalizar la permanencia de las propiedades en cualquier formalismo. Así distinguiremos a este problema del genuino *problema del marco*: el problema de formalizar la permanencia usando lógica clásica de primer orden (o una extensión de ésta, como el cálculo de situaciones), ya sea usando axiomas del marco o algún mecanismo alternativo.

Esta distinción es apropiada, pues las soluciones al problema del marco no siempre son aplicables al problema más general de la permanencia, que toma en cuenta aspectos del cambio que el problema del marco original no contemplaba, como la simultaneidad de algunas acciones. Además, como está por verse, el problema de la permanencia es sólo uno de varios problemas generales en torno a la formalización del razonamiento acerca del cambio. En lo que resta de esta sección revisaremos la colección de problemas que deberían ser resueltos por cualquier teoría general del razonamiento acerca del cambio.

2.1. Permanencia y cambio, explicación y delimitación

El *problema de la permanencia* es un problema acerca de la representación más apropiada de la ineficacia de las acciones sobre la mayoría de las propiedades de un sistema. De manera dual, el *problema computacional del cambio* es el problema en torno a la búsqueda e identificación de las propiedades que resultaron afectadas por una acción. Una versión específica del problema computacional es el *problema de la ramificación*. En esta versión, la preocupación es que realizar una acción concreta podría iniciar una cadena causal en la que los efectos de la acción se convierten en detonantes de otros efectos. Una imagen concisa del problema de la ramificación es el efecto dominó; la caída de la primera pieza causa la caída de la segunda, y esta caída, además de ser efecto, se convierte en la causa de la caída de la tercera y así sucesivamente. La imagen del efecto dominó también ayuda a ilustrar por qué las ramificaciones causales son problemáticas. Si las piezas están acomodadas de manera lineal, la dificultad más evidente es que mientras más larga sea la cadena, más tiempo tomará rastrear la última pieza. Por otro lado, si la línea se bifurca en algún punto, entonces habrá dos hileras de piezas de dominó por examinar. Considerando que cada línea se puede bifurcar en más de una ocasión, entonces algo tan sencillo como rastrear piezas de dominó se puede convertir en una tarea que consume bastantes recursos.

Los problemas de la permanencia y del cambio se pueden reconstruir como un solo problema más general, conocido como el *problema de la proyección temporal hacia el futuro*, a saber, el problema más general de formalizar todo tipo de razonamiento que enfatice los efectos sobre las acciones. Este problema, a su vez, se complementa con el *problema de la proyección temporal hacia el pasado*, que también se compone de dos problemas más particulares: *el problema de la explicación* y *el problema de la delimitación*. Así como los problemas de la permanencia y el cambio son acerca de encontrar lo que ha cambiado y representar lo que no cambió *después* de llevar a cabo una acción, los problemas de la explicación y la delimitación son acerca de encontrar las acciones que deben realizarse y representar explícitamente las "condiciones normales" que deben ser el caso *antes* de poder obtener los efectos esperados.

La manera paradigmática de presentar los problemas de la proyección temporal hacia el pasado es mediante el ejemplo de un automóvil que no enciende. Cuando queremos explicarnos por qué nuestro automóvil no arrancó esta mañana, una estrategia familiar consiste en hacernos preguntas acerca de cosas que pudimos haber hecho el día anterior que afectaron el buen funcionamiento del vehículo. Nos preguntamos, por ejemplo, si debimos haber cargado gasolina, o si dejamos las luces encendidas accidentalmente. Este ejemplo, al igual que los anteriores, puede evaluarse rápidamente porque involucra una lista finita (y relativamente corta) de causas que deben ser sometidas a consideración. Sin embargo, como ha sucedido en los casos anteriores, la dificultad comienza cuando los escenarios se complican.

Siguiendo con el ejemplo del automóvil, la primera instrucción en muchas clases de manejo suele tener que ver con girar la llave para encender el auto. De hecho, se trata de algo tan cotidiano que resulta complicado tomar un condicional como "Si giro la llave, se enciende mi auto" como falso, a pesar de que no es exactamente verdadero. Una mejor aproximación al condicional que tenemos en mente es "En condiciones normales, si giro la llave, mi auto encenderá". Incluso con esta especificación, nuestra interpretación intuitiva del ejemplo no parece modificarse, pues rara vez necesitamos establecer de manera explícita a qué nos referimos cuando hablamos de "condiciones normales".

¿Qué sucede cuando nos obligamos a establecer de manera explícita y formal lo que significa "condiciones normales" en un contexto particular? Me gusta pensar que lo primero que sucede es que nos damos cuenta de lo complicado que es, incluso cuando se trata de ejemplos sencillos como el que hemos estado considerando. Una de las razones por las que resulta engorroso es porque parece innecesario, pero también porque enlistar todas las cosas que suelen darse para que un efecto esperado suceda toma demasiado tiempo (y esfuerzo) que quizá estaría mejor invertido en otro lado.

Esta última preocupación se puede extrapolar sin modificaciones al caso del razonamiento formal, con el agravante de que no parece haber manera de escapar de este proceso. Así, de manera semejante a lo que sucede con el problema de la permanencia, para resolver el problema de la delimitación sería deseable encontrar una manera más sucinta de especificar que una acción se está llevando a cabo "en condiciones normales". Estas conexiones entre los problemas de la permanencia y delimitación, por un lado, y los del cambio y la explicación por otro, sugieren que atacar cada problema de manera individual no es la mejor estrategia, y que resulta mucho más deseable tratar de resolver estos problemas en conjunto, presuntamente mediante el desarrollo de una teoría general del razonamiento temporal formalizado.

3. La solución estándar a los problemas del razonamiento temporal

El interés que despertaron los problemas del razonamiento temporal dio lugar a una variedad importante de soluciones propuestas para algunos de estos problemas. Desafortunadamente, está fuera de los límites de este texto presentar una revisión, incluso si no es exhaustiva, de las soluciones propuestas[1]. Sin embargo, para presentar una imagen más completa del problema, en esta sección presentaré una breve introducción a los formalismos no monotónicos, que, desde el punto de vista técnico, proporcionan una solución satisfactoria a los problemas del razonamiento temporal. Por tratarse de una introducción, nos abstendremos de tocar el tema de si las soluciones aquí expuestas son satisfactorias o no.

Buena parte del éxito de las soluciones no monotónicas se debe a que la monotonicidad de las relaciones de consecuencias y los condicionales más familiares representa un obstáculo importante para la formalización del razonamiento temporal. La monotonicidad es una propiedad usual de las relaciones de consecuencia lógica, a saber, si A se sigue de un conjunto de premisas Γ, esto

---

1. Para una revisión más sustancial del tema, se puede consultar: Morgenstern, (1996).

seguirá siendo el caso sin importar la cantidad de premisas que le agreguemos a Γ. Esta propiedad es perfectamente compatible con el razonamiento deductivo, pues aquí, como en el caso de la consecuencia lógica estándar, la prioridad es la preservación de verdad de las premisas a la conclusión.

Independientemente del campo de la inteligencia artificial, la reflexión filosófica nos ha revelado que no todo el razonamiento es deductivo, y en particular, que el razonamiento derrotable es tan indispensable como el deductivo, tanto en el razonamiento cotidiano, como en el científico. En términos generales, el razonamiento derrotable es aquel que produce argumentos en los que las premisas ofrecen evidencia convincente a favor de la conclusión, pero contemplan la posibilidad de que el argumento no sea deductivamente válido. Sin embargo, en lo que resta de la sección usaremos la etiqueta *razonamiento derrotable* de un modo más estricto: con ella nos referiremos únicamente a las inferencias que involucran generalizaciones que permiten excepciones.

El ejemplo paradigmático de las generalizaciones que admiten excepciones siempre involucra aves, y en particular, a un ave llamada Tweety. La información de que prácticamente todas las aves vuelan respalda de manera convincente la conclusión de que Tweety vuela. Incluso sabiendo que los pingüinos no vuelan, hasta no conocer la especie de Tweety, lo racional es sostener que Tweety vuela. Sin embargo, una vez que nos enteramos de que Tweety es un pingüino, no queda más que retractar nuestra conclusión inicial, porque si Tweety es un pingüino, definitivamente no vuela.

Este ejemplo muestra que hay procesos inferenciales que no son capturados adecuadamente por una relación de consecuencia monotónica. Si bien es cierto que hay un argumento deductivo que respalda la conclusión de que Tweety de hecho no vuela, la construcción de este argumento es posible únicamente cuando la información está completa. Reconstruir de este modo la relación entre el razonamiento deductivo y el derrotable también nos permite resaltar una de las diferencias más importantes entre ambos: la construcción y formalización de argumentos deductivos enfatiza sólo algunas características del razonamiento, a saber, prioriza excesivamente el ideal de razonamiento deductivo como el único razonamiento correcto. En contraste, formalizar el razonamiento derrotable nos obliga a prestar más atención al proceso que al resultado.

¿Qué tiene que ver el razonamiento derrotable con el problema representacional del cambio? Que la *ley de sentido común de la inercia* ejemplifica un tipo de razonamiento semejante al del caso de Tweety. Al considerar este último, concluimos provisionalmente que Tweety vuela porque consideramos que las aves normalmente vuelan. Es decir, consideramos que la propiedad de volar tiene muy pocas excepciones entre todos los ejemplares de aves. De igual modo, buscamos poder formalizar que un objeto (casi siempre) mantiene su color, aunque cambie de posición. Esto es porque consideramos que, normalmente, cambiar un objeto de posición no afecta su color.

Visto de este modo, es difícil resistir la conclusión de que tanto casos como los de Tweety –que involucran razonamientos cotidianos que no necesariamente asociamos con el razonamiento causal ni el temporal– como casos como los que ejemplifican el problema del cambio –que sí tienen un componente temporal distintivo– son en realidad instancias del mismo tipo de problema: formalizar razonamientos que pueden estar sujetos a excepciones. La diferencia principal entre este caso y el de Tweety es que "mantenerse estable después de llevar a cabo una acción" es una propiedad de segundo orden, porque se la atribuimos a otras propiedades. Propiedades como "volar" y "ser un ave" son de primer orden, ya que las usamos para hablar de objetos.

Si la distinción entre propiedades de primer y segundo orden no añade una dificultad adicional que requiera ser resuelta de manera independiente, entonces podemos asumir, como lo haremos en lo que resta de la sección, que podemos aplicar los mismos formalismos no monotónicos en ambos casos. Estos formalismos serán la *circunscripción* y el *razonamiento por defecto (default logic)*. En lo que sigue, caracterizaremos de manera general cada uno de los formalismos, y después describiremos brevemente cómo han sido aplicados para resolver el problema representacional del cambio.

3.1. Circunscripción

La idea general detrás de la circunscripción consiste en expresar formalmente la idea de que si asumimos cierta información previa, entonces podemos *circunscribir* la extensión de una propiedad. En términos intuitivos, la idea es modelar formalmente modificadores como *normalmente, típicamente* o *la mayoría de*. La formalización de este tipo de conceptos se logra a través del siguiente esquema:

$A(P) \land \forall(P')[A(P') \land [\forall x. E(P', x) \supset E(P, x)] \supset \forall x. E(P', x) \equiv E(P, x)]$

Aunque este formalismo es muy intimidante, ofrecer una lectura comprensible no es tan complicado.

Comenzaremos por desmenuzar el antecedente del condicional principal, $A(P) \land \forall(P')[A(P') \land [\forall x. E(P', x) \supset E(P, x)]$. El primer elemento de la conjunción principal, $A(P)$, es una oración de segundo orden, es decir, una oración que describe las características que el predicado P debe satisfacer. El enunciado $\forall(P')[A(P') \land [\forall x. E(P', x) \supset E(P, x)]$ dice que para todo predicado P', si P' también . El consecuente simplemente dice que los modelos en los que tanto P como P' son verdaderos con respecto a x son idénticos.

Entonces, juntando las lecturas de ambas partes del condicional tenemos que, si asumimos ciertas características acerca de un predicado, y luego, para cualquier otro predicado P' bajo consideración (1) P' cumple con las características y (2) tiene una extensión que implica la de P; entonces podemos concluir que P y P' son el caso respecto a x en la misma clase (mínima) de modelos. La interpretación más frecuente del enunciado *A(P)* es "P no es un predicado anormal (respecto a cierta información)", y esta interpretación también suele formalizarse como ¬*ab(P)*. Usando esta idea de anormalidad podemos reconstruir el caso de Tweety de un modo que ilumine por qué la circunscripción es un formalismo apropiado para formalizar este tipo de razonamientos.

Lo primero que asumimos es que podemos trabajar con la colección de aves que no son excepcionales, y que uno de los requisitos más importantes que un ave debe satisfacer para no ser excepcional es ser de una especie capaz de volar. Luego, recibimos una descripción de Tweety, y todo en el contenido de esa descripción indica que, en efecto, Tweety es un ave que no es excepcional. Esto quiere decir que podemos afirmar con confianza que Tweety pertenece a la colección de aves no excepcionales, porque satisface todos los requisitos, y por lo que sabemos, no tiene ninguna propiedad adicional que viole la no excepcionalidad de Tweety. Esto quiere decir que, si Tweety existe en un modelo, este es un modelo en el que la colección de aves no excepcionales permanece estable, pues ya determinamos que Tweety no es excepcional.

Hasta aquí, nada resulta fuera de lo normal. Lo novedoso será que la circunscripción nos permite obtener una conclusión más fuerte, que no podríamos obtener usando las reglas de la lógica clásica únicamente. Esta conclusión es que los modelos en los que Tweety y la colección de aves son los mismos. Es decir, no hay modelos en los que Tweety sea un ave no excepcional y la colección contenga sólo aves no excepcionales, y no hay modelos en los que la colección esté compuesta por aves no excepcionales y Tweety resulte ser excepcional. Necesitamos obtener esta conclusión porque es la forma en la que podemos expresar que Tweety es un ave no excepcional y por lo tanto vuela, como todas las otras aves de la colección a la que pertenece.

El otro aspecto novedoso de la circunscripción es que en cualquier momento podemos obtener información que nos obligue a clasificar un objeto como anormal respecto a una propiedad. En este caso, la información de que Tweety es un pingüino lo convierte en un ejemplar excepcional, y esto nos obliga a retractar la conclusión previamente obtenida de que Tweety volaba, al no ser un ejemplar excepcional. Con todo esto en mente, podemos volver al esquema original y hacer un diccionario que relacione la información acerca del caso de Tweety con las partes del esquema de circunscripción.

$A(P) \land \forall(P')[A(P') \land [\forall x. E(P', x) \supset E(P, x)] \supset \forall x. E(P', x) \equiv E(P, x)]$

donde:

- $A(P)$ es un predicado de segundo orden que se puede leer como "ser un ave no excepcional"; a su vez, este predicado puede reconstruirse como una colección de predicados de primer orden que un objeto debe satisfacer para ser un ave que no es excepcional, por ejemplo, tener plumas, un pico, poner huevos, y, sobre todo, *volar*.

- el segundo conyunto, $\forall(P')[A(P') \land [\forall x. E(P', x) \supset E(P, x)]$, dice que (1) para toda propiedad bajo consideración, si esa propiedad de segundo orden también es una colección de predicados de primer orden, entonces, si que x satisfaga todos los elementos de P' implica que satisface los de P. Es decir, si *Tweety* es un predicado de segundo orden $A(P')$ que implica entre otras cosas, ser un colibrí, entonces, si es verdad que hay objetos *Tweety* ($\forall x. E(P', x)$), esto implica que hay objetos que son aves no excepcionales ($E(P, x)]$). Por el contrario, si los objetos *Tweety* son pingüinos, entonces no es el caso que ser un *Tweety* implica ser no excepcional, porque los pingüinos no vuelan.

- el consecuente del condicional principal, $\forall x.\ E(P',\ x) \equiv E(P,\ x)]$, dice que, tanto las aves no excepcionales como *Tweety*, existen bajo las mismas condiciones. Entonces, si lo anterior es verdadero, es decir, si ser un objeto *Tweety* implica ser un ave no excepcional, esto implica que tanto los objetos *Tweety* como las aves no excepcionales existen bajo las mismas condiciones. De igual manera, si es falso que ser un objeto *Tweety* implica ser un ave no excepcional, entonces tampoco es verdadero que los objetos *Tweety* existan en las mismas circunstancias que las aves no excepcionales.

Algo que se hace aún más evidente con toda esta explicación es que, sin bien es posible ofrecer una reconstrucción intuitiva de las ideas detrás del formalismo de la circunscripción, aun así, es evidente que quizá es demasiado abstracto y general para muchas aplicacione[2].

Por esta razón, es muy común encontrar versiones simplificadas en la literatura acerca del tema, y así, en lugar de usar el esquema que acabamos de examinar más arriba, tenemos alternativas como:

$$\forall x.\ ave(x) \wedge \neg ab(especiesquevuelan(x)) \supset vuela(x)$$

que dice que x vuela a menos que sea anormal respecto a las especies de aves que vuelan, o lo que es lo mismo, x vuela a menos que sea de una especie de ave que no vuela.

En el caso del problema del cambio, la intuición es que el cambio es excepcional, y que lo que se considera normal es que las propiedades permanezcan estables. Como en este caso estamos hablando de propiedades y acciones en lugar de propiedades y objetos, la formalización resulta en oraciones un poco más compli-

---

2. Por ejemplo, para ofrecer la lectura "intuitiva" del esquema de circunscripción con el ejemplo de las aves, tuvimos que hacer maniobras inusuales como pensar en algunos predicados como representantes de colecciones de otros predicados que sí aplican a objetos de la vida cotidiana.

cadas, pero en principio la idea es que podemos circunscribir la estabilidad de una propiedad respecto a la normalidad de ciertas acciones. Si una acción no es anormal respecto a una propiedad, entonces la propiedad se mantiene estable. Por el contrario, si una acción es anormal respecto a una propiedad, eso quiere decir que la acción de hecho cambia la propiedad y ya no se puede concluir que la propiedad en cuestión permanece estable.

Como ejemplos, consideremos que la acción de mover un objeto no es anormal respecto al color del objeto: si muevo la taza azul de la cocina al jardín, sigue siendo azul. En contraste, pintar un objeto sí es anormal respecto a su color; una vez pintada la taza, no podemos seguir diciendo que es azul.

Una aproximación a la formalización que resulta usando el predicado de anormalidad es la siguiente:

$$azul(x) \land \neg ab(acción(x), color(x)) \supset azul(x)$$

En este esquema, reemplazar "acción" por "mover" nos dará como resultado que mover x no afecta su color, como es esperado. De manera más general podemos considerar que una forma sencilla de expresar que las propiedades no cambian sin razón es el esquema:

$$propiedad(x) \land \neg ab(acción(x), propiedad(x)) \supset propiedad(x)$$

Aunque esta aproximación es un buen primer paso para entender cómo es que podemos formalizar el cambio usando un predicado de anormalidad, este no es el formalismo que aparece en mucha literatura. Aunque la estructura de las oraciones formales utilizadas en la literatura es muy parecida a los ejemplos que vemos aquí, en esos otros lados normalmente se asume que estamos operando dentro del *cálculo de situaciones*, que es una extensión de la lógica clásica diseñada específicamente para hablar de acciones y causalidad[3].

---

3. Para una presentación detallada del cálculo de situaciones, se puede consultar: Reiter, (2001).

2.2. Razonamiento por defecto

El razonamiento por defecto es otra manera de formalizar la idea de que podemos concluir algo, siempre y cuando no tengamos razones para pensar lo contrario[4]. La estructura general de las reglas por defecto es la siguiente:

(y: θ)/r

En este esquema, *y* es un prerrequisito –es decir, lo que ya sabemos que es verdadero–, *θ* es una justificación– –a formalización de la idea de que concluir *r* es consistente con *y*– y *r* es la conclusión de nuestro razonamiento derrotable.

Como ejemplo parcialmente formalizado, consideremos de nuevo el caso de Tweety:

La mayoria de las aves vuelan: Tweety es como la mayoria de las aves / Tweety es un ave que vuela

Cuando nos enteramos de que Tweety realmente no es como la mayoría de las aves, porque resulta que es un pingüino, entonces ya no podemos afirmar que Tweety es como la mayoría de las aves, y por lo tanto, no es posible concluir que Tweety vuela. En algunas versiones del razonamiento por defecto, el proceso de retractar la conclusión de que Tweety vuela se describe como un proceso de activar y desactivar reglas: mientras no haya nada que indique que Tweety no es como la mayoría de las aves, la regla que nos permite inferir que Tweety vuela se mantiene activa.

Sin embargo, al obtener la información previamente desconocida de que Tweety es un pingüino, la regla se desactiva para poder dar lugar a la activación de esta otra:

La mayoria de las aves vuelan: Tweety no es como la mayoria de las aves / Tweety no es un ave que vuela

---

4. Una introducción mucho más detallada al razonamiento por defecto se puede encontrar en: Gaytán, D. (2007a) y (2007b).

Este tipo de construcciones dejan ver claramente que una de las preocupaciones que guían la construcción de los formalismos no monotónicos es la preservación de la consistencia de la información con la que estamos trabajando.

Esto quizá no es tan evidente en mecanismos como la circunscripción, pero basta considerar que, para cualquier objeto o propiedad bajo consideración, es anormal o no lo es con respecto a lo que sea que estemos evaluando. Aunque esto constituye una breve desviación del tema, vale la pena hacer notar que un punto de discusión importante es si todos los formalismos no monotónicos deberían estar motivados por la consistencia de la información.

¿Cómo se relaciona la idea de las reglas por defecto con resolver el problema computacional del cambio? La intuición detrás de la ley de la inercia es que la mayoría de las propiedades se van a mantener estables después de que sucede una acción. Esto nos permite vislumbrar reglas por defecto que formalicen exactamente esta idea, a saber:

$$(y: \theta)/r$$

donde cada variable representa lo siguiente:

- y= la mayoría de las propiedades se mantienen estables después de llevar a cabo x;
- θ= nada en p es incompatible con que se mantenga estable después de x;
- r= p se mantiene estable después de llevar a cabo x.

Tal como sucede en el caso anterior, podemos ofrecer una estructura en la que la desactivación de esta regla active otra que nos indica lo que debemos concluir en caso de que tengamos información de que p no es una propiedad que permanezca estable después de que x haya sucedido.

Desafortunadamente, por cuestiones de espacio, pero también por la complejidad del tema, no será posible revisar a detalle cómo es que las nociones básicas expuestas a lo largo de la sección constituyen una respuesta al problema del cambio. En resumen, después del descubrimiento de que los formalismos no monotónicos podían usarse como sustitutos para los axiomas del marco, una gran parte de la investigación acerca del problema representacional del cambio, pero también de otros problemas relacionados se enfocó en la implementación y la extensión de las soluciones conocidas para que fueran aplicables en casos concretos del problema del cambio que fueran cada vez más complejos.

Conclusiones

Hasta aquí hemos revisado lo que típicamente se conoce como "el problema del marco" o "problema representacional del cambio". También hemos descrito la familia de problemas más importantes que surgen a la hora de tratar de formalizar el razonamiento temporal. Posteriormente, encontramos que los formalismos no monotónicos poseen características que los posicionan como una solución satisfactoria al problema representacional del cambio, al menos desde el punto de vista técnico. Para ofrecer un respaldo a esta última afirmación, repasamos los fundamentos de dos de los formalismos no monotónicos más populares: la circunscripción y el razonamiento por defecto.

Mi objetivo principal aquí ha sido ofrecer una introducción muy gentil al tema del razonamiento formal temporal, y específicamente, al problema representacional del cambio. Para lograr esto, me he concentrado tanto en reconstruir el problema cómo en explicar las nociones de la manera más amable posible, requiriendo la menor cantidad de prerrequisitos técnicos posible. La principal desventaja, además de la imposibilidad de revisar con detalle alguno de los formalismos que aparecen aquí, es que no ha quedado mucho espacio para la discusión filosófica.

Por esta razón, cerraré este texto mencionando algunos caminos a seguir después de leer esta introducción, que van más allá de consultar otras presentaciones del problema del cambio y sus soluciones. Una discusión que ya había mencionado brevemente es la de si la consistencia es la única motivación posible para los formalismos no monotónicos. Es importante revisitar este punto porque a la hora de evaluar esta pregunta, tenemos que considerar para qué estamos usando estos formalismos. Si la aplicación más importante es la formalización del razonamiento derrotable, entonces un buen criterio para determinar qué tan bueno es el trabajo que hacen los formalismos no monotónicos consiste en considerar si el razonamiento derrotable siempre está guiado por la preservación de la consistencia o no.

Otra discusión interesante se encuentra en las interpretaciones filosóficas del problema del cambio y las soluciones propuestas. Es importante notar que, aunque no se haya mencionado explícitamente, los formalismos aquí presentados asumen que la lógica en la que están basados estos formalismos es la lógica clásica. Si suponemos que la formalización resultante debe capturar al menos algunas de nuestras intuiciones acerca del razonamiento informal, entonces es importante revisitar la discusión acerca de si la lógica clásica es apropiada para basar soluciones formales a problemas del razonamiento temporal, como en el caso del problema del marco. Examinar críticamente los formalismos no monotónicos requiere de revisar la escasa literatura crítica acerca del tema, que incluye el infame "Yale Shooting Problem"<?>, así como los experimentos mentales de Dennett (1984) y Fodor (1987). Finalmente, para una perspectiva aún más controversial, podríamos abogar por abandonar la lógica clásica y sus extensiones, en favor de una lógica no clásica como Richard Sylvan propone en (1988).

Referencias

Baker, A. B. (1989). A Simple Solution to the Yale Shooting Problem. En Brachman, R. J. Levesque, H. J. y Reiter, R. (Eds.), *Proceedings of the First International Conference on Principles of Knowledge Representation and Reasoning*. Morgan Kaufmann Publishers Inc.

Dennett, D. (1986). Cognitive wheels: The frame problem of AI. En C. Hookway (Ed.), *Minds, Machines and Evolution: Philosophical Studies* (Reimpresión, pp. 129-152). Cambridge University Press.

Fodor, J. A. (1987). Modules, Frames, Fridgeons, Sleeping Dogs, and the Music of the Spheres. En Pylyshyn, Z. W. (Ed.), *The Robot's Dilemma: The Frame Problem in Artificial Intelligence* (pp. 139-149). Praeger.

Gaytán, D. (2007a). Una introducción informal a la lógica del razonamiento por default de Raymond Reiter (primera parte). *Ergo, Nueva Época*, 20, pp. 55-67.

Gaytán, D. (2007b). Una introducción informal a la lógica del razonamiento por default de Raymond Reiter (segunda parte). *Ergo, Nueva Época*, 21, pp. 7-22.

Hayes, P. J. (1985). The Frame Problem and Related Problems in Artificial Intelligence. En Nilsson, N. J. y Webber, B. L. (Eds.), *Readings in Artificial Intelligence: A Collection of Articles* (pp. 223-230). Morgan Kaufmann Publishers, Elsevier Inc.

Lifschitz, V. (2015). The dramatic true story of the frame default. *Journal of Philosophical Logic*, 44(2), pp. 163-176.

McCarthy, J. (1980). Circumscription—A form of non-monotonic reasoning. *Artificial Intelligence*, 13(1-2), pp. 27-39.

McCarthy, J. (1986). Applications of circumscription to formalizing common-sense knowledge. *Artificial Intelligence*, 28(1), pp. 89-116.

McCarthy, J. y Hayes, P. J. (1985). Some Philosophical Problems from the Standpoint of Artificial Intelligence. En Nilsson, N. J. y Webber, B. L. (Eds.), *Readings in Artificial Intelligence: A Collection of Articles* (pp. 431-450). Morgan Kaufmann Publishers, Elsevier Inc.

Morado, R. (2003). Racionalidad y lógicas no deductivas. *Iztapalapa: Revista de Ciencias Sociales y Humanidades*, (54), pp. 131-144.

Morgenstern, L. (1996). The Problem with Solutions to the Frame Problem. En Ford, K. M. y Pylyshyn, Z. W. (Eds.), *The Robot's Dilemma Revisited: The Frame Problem in Artificial Intelligence* (2nd edition, pp. 99-133). Praeger.

Reiter, R. (2001). *Knowledge in Action: Logical Foundations for Specifying and Implementing Dynamical Systems.* MIT Press.

Shanahan, Murray, The Frame Problem, *The Stanford Encyclopedia of Philosophy*, (Edición Primavera 2016), Edward N. Zalta (ed.), https://plato.stanford.edu/archives/spr2016/entries/frame-problem/.

Strasser, Christian & G. Aldo Antonelli, "Non-monotonic Logic", *The Stanford Encyclopedia of Philosophy*, (Edición Verano 2019), Edward N. Zalta (ed.), https://plato.stanford.edu/archives/sum2019/entries/logic-nonmonotonic/.

Sylvan, R. (1988). Relevant Containment Logics and Certain Frame Problems of AI. *Logique et Analyse*, 31, pp. 11-24.

Thomason, Richmond, Logic and Artificial Intelligence, *The Stanford Encyclopedia of Philosophy* (Edición Verano 2020), Edward N. Zalta (ed.), https://plato.stanford.edu/archives/sum2020/entries/logic-ai/.

Capítulo 8
Ficciones y fronteras en la Inteligencia Artificial

Eurídice Cabañes

Introducción

En una sociedad en la que la tecnología está al servicio de unos intereses de clase y bajo el control de una élite altamente especializada, es comprensible que los no iniciados –ni beneficiarios– contemplen el «progreso» tecnológico con cierto recelo, cuando no con positivo temor. Un temor que, cuando faltan la información y la capacidad crítica necesarias para llegar al fondo de la cuestión, se convierte fácilmente en temor irracional a la cosa en sí –la tecnología, en este caso– en vez de centrarse en su manipulación clasista, auténtica razón de que la ciencia y la tecnología avanzada puedan constituir una amenaza (Stanislaw, 1979, p.4).

Desde 1977 la investigación y desarrollo en Inteligencia Artificial se ha enmarcado en un campo interdisciplinar mucho mayor: el de las ciencias cognitivas que estudian, como su propio nombre indica, los procesos cognitivos que dan lugar a lo que denominamos inteligencia. Dentro de estas ramas, que producen resultados tanto prácticos como teóricos, encontramos la neurociencia, la ingeniería informática, la lingüística, la antropología, la psicología y la filosofía. Esta última cumple un papel importante, en tanto que aporta preguntas, redefine el marco teórico y establece nuevos paradigmas desde los que repensar la Inteligencia Artificial, así cómo lleva a cabo un ejercicio crítico anticipándose a posibles problemáticas futuras, delimitando cuestiones éticas que deben ser abordadas y en muchos casos reguladas.

Tal y como sostiene Martínez Freire (2007) "las ciencias cognitivas [...] son un enlace entre campos científicos diversos, aunando disciplinas formales (lógica y matemáticas), disciplinas físicas (informática y biología) y disciplinas humanas (psicología y lingüística)" de modo que van mucho más allá que la suma de todas ellas, conformando una disciplina nueva con una metodología híbrida que emerge de la investigación conjunta y transversal a todas las áreas. La necesidad de estas relaciones interdisciplinares y el estudio transversal de la cognición puede entenderse especialmente si partimos del carácter inabarcable del estudio de la misma, que puede aplicarse tanto a seres humanos como a animales o máquinas. Así, el estudio de la cognición no puede verse limitado al estudio del cerebro, de la psicología o de la inteligencia artificial de forma inconexa, sino que debe darse de una forma integrada. Las teorías de la mente extensa y la cognición distribuida (Norman, 1990; Hutchins, 1995; Hutchins y Norman, 1988; Giere, 2002; Clark, 2002; Humphreys, 2004; Sánchez y Andrada, 2013, entre otros) amplían aún más el rango de esta afirmación, ya que de ellas se desprende que los procesos cognitivos de la mente humana integran tanto los dispositivos que empleamos como el entorno y otros agentes del mismo.

Pero esta interdisciplina se mueve todavía más allá de las ciencias cognitivas. En los últimos años hemos estado observando la aparición de diferentes acrónimos y denominaciones que tratan de dar cuenta de otras formas de interrelación de disciplinas asociadas a la Inteligencia Artificial, entre las que encontramos las tecnologías disrruptivas (nanotecnología, biotecnología, tecnologías de información y comunicación y ciencias cognitivas), las tecnologías convergentes (NBIC, Nano-Bio- Info-Cogno), BANG (Bits, Átomos, Neuronas y Genes), tecnologías exponenciales (informática, computación cuántica, robótica, biotecnología, inteligencia artificial, nanotecnología, impresión 3D, drones, blockchain, etc.) y multiplicidad de denominaciones que muestran que "lo relevante no es la Inteligencia Artificial en sí misma, sino la forma en que dicha disciplina interacciona y se retroalimenta con otras, con un resultado final difícil de predecir [...] no solo subestimamos los efectos de la tecnología a corto plazo, sino que ni siquiera somos capaces de pronosticar, predecir o intuir sus efectos a largo plazo. Sin duda, el estudio integrado de las tecnociencias se ve dificultado tanto por la celeridad con que avanzan, como por la nebulosa que envuelve la forma en que interaccionan y se retroalimentan estas disciplinas" (López, 2019).

La IA nos rodea cada vez más, está por todos lados, híbrida, invisible, normalizada. Necesitamos voces que desde diferentes disciplinas puedan hacerla visible, desentrañar algoritmos, escudriñar *datasets*, proyectar futuros posibles y establecer críticas anticipadas sin permitir que el tecnosolucionismo y el desarrollo tecnológico se adelanten, para evitar ir a la zaga en la crítica y la regulación. Necesitamos multitudes de personas capaces de desenmascarar las promesas utópicas, pero también de imaginar futuros posibles. La complejidad del tema, la evolución exponencial de la tecnología y la implementación cada vez mayor de sistemas de inteligencia artificial en los objetos y decisiones más cotidianas marcan la necesidad urgente de repensar la Inteligencia Artificial desde otros espacios y esferas. Quizá ha llegado el momento de plantearnos qué tienen que decir perfiles muy diferentes a los que estamos acostumbrados cuando hablamos de IA: artistas, diseñadoras de videojuegos, escritores de ciencia ficción... Es por eso que esta introducción inicia con una cita de Stanislaw Lem, que no es ingeniero, filósofo, ni neurobiólogo, sino escritor de ciencia ficción.

1. Ciencia Ficción

La ciencia ficción ha mostrado a lo largo de la historia, ser un medio con un alto impacto en la producción tecnocientífica contemporánea, como recoge Jaimen (2021) en su artículo *Game Based Learning in Science Fiction,* podemos encontrar varios ejemplos de ello.

El libro "La ciudad y las estrellas" de Arthur C. Clarke describe los agujeros negros antes que Stephen Hawking.

Las leyes de la robótica planteadas por Asimov en "Yo robot" sientan la base para las propuestas de la ética de la Inteligencia Artificial y suponen un hito en el desarrollo de los autómatas (Anderson y Anderson, 2011).

Si bien la ciencia ficción puede ser un lugar en el que abrir el marco de la producción de conocimiento a nuevas teorías científicas (como en el primer ejemplo), nos interesa especialmente la función de la ciencia ficción que muestra el segundo, no sólo por estar referida específicamente a la Inteligencia Artificial, sino por el componente de anticipación de problemáticas y la capacidad crítica. Como afirma Néstor Jaimen: "a pesar de que la ciencia ficción no comprende la investigación cuantitativa y sistemática, ni ningún otro modelo de verificación científica, está constantemente produciendo hipótesis críticas que trazan rutas de acción para la experimentación" (Jaimen, 2021, 3).

Así, más allá de la propia producción de ideas, la ciencia ficción enmarca la tecnociencia en un contexto dado, explorando sus implicaciones económicas, políticas y sociales. En la misma línea de la cita inicial, podemos encontrar este cuestionamiento de las implicaciones sociales, políticas e ideológicas de la tecnociencia en la definición del término de Gilbert Hottois que afirma que "sus acciones y sus productos, son el resultado de la colaboración de una serie de agentes: científicos investigadores de muchas disciplinas, ingenieros y emprendedores, recaudadores de fondos y accionistas, abogados y economistas, comerciales y agentes de marketing, etc. Un aspecto esencial es que el tema de la tecnociencia, el actor, el motor e incluso el inventor, se ha vuelto irreductiblemente plural: complejo, interactivo e inevitablemente conflictivo" (Hottois, 2018, p. 130).

Del mismo modo, la misma crítica que plantean Stanislaw Lem y Gilbet Hottois, podemos aplicarla a la producción de Inteligencia Artificial actual que también está envuelta de campañas de marketing, modelos de negocio basados en el extractivismo de datos y en la sutil modificación de la conducta de los usuarios de los diferentes servicios tecnológicos.

Podríamos explorar numerosos relatos de la ciencia ficción que abordan diversos problemas de la Inteligencia Artificial (como los ya mencionados *Yo Robot* de Asimov, o la *Ciberiada* de Stanislaw Lem[1]) que son más conocidos y abordados, pero nos interesa centrarnos aquí en el cuento corto de ciencia ficción Explorando el futuro de Patricia Macías (2018) uno de los ganadores del II Premio Ripley.

El relato aborda la historia de una mujer que accede, a cambio de una alta contraprestación económica, a que su cuerpo y su rostro, así como su personalidad, el modo en que reacciona a diferentes estímulos, como habla y se comporta, etc. sea recogido, analizado e incorporado a entidades robóticas denominadas gi-

---

1. Un estudio sobre este trabajo como detonador de reflexiones filosóficas sobre la creatividad computacional, que estudiaremos más adelante, puede encontrarse en Cabañes, (2013).

noides. Estos robots con IA integrada empiezan a comercializarse como empleadas para el cuidado del hogar y la atención a infantes o personas mayores y nuestra protagonista puede ver cómo sufren vejaciones constantes, las ridiculizan, las destrozan, hasta el punto que empieza a temer por su vida cuando una de sus compañeras aparece muerta tras haber sido confundida con una de las ginoides a las que dio su personalidad y rasgos físicos. Tras el terror y la frustración de observar estos comportamientos, trata de rescatar a tantas ginoides como puede y vive con ellas retirada del mundo.

Este retrato nos pinta un futuro quizá no tan lejano, en tanto que la empresa londinense Geomiq ha lanzado actualmente una oferta[2] muy parecida a la que respondió la protagonista del relato anterior: cien mil euros (equivalente aproximadamente a dos millones de pesos) a quien sea el rostro de su línea de robots humanoides[3].

Aquí hay varias cuestiones que podríamos analizar; la posibilidad de la IA de desarrollar una autoconciencia, de sentir y con ella la idea de si los robots deberían tener derechos. Pero retomando la idea de interdisciplina con la que iniciábamos el texto, quizá deberíamos llamar la atención sobre un curioso hecho, la Inteligencia Artificial se ha empezado a estudiar en bioética y esto se debe a que se entiende que las IAs pueden en un futuro no muy lejano alcanzar el estatuto de entidades vivas (López, 2019).

Siguiendo el texto de López podemos ver que esta hipótesis está refrendada por el Parlamento Europeo que inicia su Carta sobre Robótica (Parlamento Europeo, 2017) enunciando los principios de la bioética. Según afirma tanto la Inteligencia Artificial

---

2. Que puede encontrarse aquí: https://geomiq.com/public-appeal-applicants-needed-to-find-face-of-new-line-of-robots/
3. Quizá sería preferible que la propia IA dotase de un rostro a estos robots, o de muchos rostros diferentes, en tanto que ya existen sistemas que lo hacen, como, por ejemplo https://thispersondoesnotexist.com/

como la biología sintética "tratan con entidades que están a medio camino entre lo vivo y lo inerte, entre lo programable y lo incontrolable, entre lo que se puede reproducir y lo que no" (López, 2019).

Retomaremos más adelante la posibilidad de comprender las IA como formas de vida y sus implicaciones, quizá el primer nivel, necesario para poder empatizar con ellas (al fin y al cabo somos bastante antropocéntricos), sería determinar si las IA pueden sentir.

Analicemos esta conversación, fragmento de la *Ciberiada*:
Sabes muy bien que si esos procesos se desarrollan es porque yo los he programado y no transcurren de verdad...

– ¿No transcurren de verdad? ¿Quiere decir que la caja está vacía y la opresión, torturas y horcas no son más que una ilusión?

– No son una ilusión, por cuanto acaecen realmente, pero sólo como ciertos fenómenos microscópicos entre unas partículas por mí reguladas. En todo caso los nacimientos y los amores de aquel planeta, los actos de heroísmo y los de cobardía son un baile en el vacío de unos electrones ordenados por la precisión de mi arte no lineal, que...

¿Dices que son procesos de autoorganización?

– ¡Claro que sí!

– ¿Y que transcurren entre minúsculas nubes eléctricas?

– Lo sabes tan bien como yo.

– ¿Y que la fenomenología de ortos, ocasos y guerras sangrientas es originada por acoplamientos de variables reales?

– Exactamente.

– Y nosotros mismos, si se nos practicara un examen físico, causal y corporal, ¿no somos también unas nubecillas de electrones saltarines? ¿Unas cargas positivas y negativas montadas dentro de un vacío? ¿Y no es nuestra existencia el resultado de esas escaramuzas moleculares, aunque las sintamos dentro de nosotros como temores, deseos o meditaciones?

¿Pasa algo en tu cabeza cuando sueñas, que no sea el álgebra binaria de conmutaciones y el caminar incansable de los electrones? (Lem, 1979:68).

En este pasaje, Lem cuestiona el antropocentrismo que nos lleva a pensar que sólo los humanos somos capaces de sentir (hemos visto como aseveraciones similares sobre la inteligencia e incluso sobre la creatividad han ido siendo desmentidas, demostrando ambas en animales ¿por qué no en máquinas?). Desde luego poder descubrir si hay emociones en otros seres no humanos, especialmente en máquinas puede ser complejo, en tanto que la apariencia podría darse producto de la simulación, pero lo mismo podemos decir de las emociones que si podemos presuponer en otros humanos.

No entraremos aquí a debatir si las IA pueden sentir actualmente, pero desde luego podemos afirmar que la computación afectiva (Picard 1997) es una de las líneas de investigación más actuales en el campo de la interacción persona-ordenador. Estudios en esta línea son por ejemplo robots sociables (Breazeal 2002) servicios de emergencia (Bickmore y Giorgino, 2004), MEGA (Camurri et al., 2004), NECA (Gebhard et al., 2004), VIC- TEC (Hall et al., 2005), NICE (Corradini et al., 2005), HUMAINE (Cowie y Schröder, 2005) y COMPANIONS (Wilks, 2006), o tutores inteligentes (Ai et al., 2006).

Es decir, la idea de introducir comportamientos emocionales, patrones de reconocimiento de emociones en humanos, y, en definitiva, emociones en las máquinas no es algo exclusivo de la ciencia ficción, sino que constituye una línea de investigación vigente y ya se han creado innumerables dispositivos y softwares que las incluyen. Como muestra de su implementación cada vez más masiva podemos ver que la «AI Act» (Reglamento europeo de Inteligencia Artificial) toma en consideración estas tecnologías prohibiendo expresamente, entre otros, el reconocimiento de emociones en los espacios públicos o el lugar de trabajo.

Si entendemos que hay tareas que las AI deberían cubrir que requieren de emociones (como todas las ligadas al cuidado o incluso la asistencia al cliente o la educación[4]) y estamos tratando de dotarles de ellas, o al menos de una simulación imposible de distinguir de la realidad ¿no deberíamos plantear ciertos derechos para estos seres? Según López (2017) ya hay discusiones sobre si los robots pueden ser equiparados a las personas o, de gozar de personalidad jurídica, pero, si llegan a ser formas de vida, sintientes, autoconscientes ¿qué tipo de ciudadanos serán? ¿y qué implicaciones sociales, económicas y políticas tendrá el estatus que se les otorgue?

Imagen del proyecto *"Mother of robots"* de Mónica Rikić.

___

4. Omitimos aquí las *sexbots* y los sistemas de inteligencia artificial para la satisfacción de necesidades sexuales, en tanto que acarrean múltiples problemáticas que darían para un artículo completo y que no queremos abordar de modo superficial dada su importancia.

Estos cuestionamientos forman parte de la obra de la Artista Mónica Rikic, en especial en su obra *Mother of robots* (2020), un proyecto apoyado por la Beca Leonardo para Investigadores y Creadores Culturales 2018. Esta obra, según indica en su página web[5], supone una herramienta de mediación social, análisis y discusión basada en la creación colectiva de una instalación robótica interactiva. Su objetivo es visualizar y analizar desde el arte los efectos y resultados de una futura sociedad híbrida entre humanos y entidades artificiales. Utiliza la simulación social inspirada en el juego de roles como metodología de investigación para sociedades especulativas híbridas. La instalación simula la generación y evolución de una sociedad a través de un sistema multiagentes BDI formado por un entorno madre y diez robots móviles inteligentes. El tipo de sociedad, sus valores y sus ciudadanos, los robots, se definen a través de talleres de pensamiento colectivo sobre el futuro que se quiere proyectar. El público tiene la posibilidad de participar activamente en el mundo a través de interacciones con cada robot, lo que influye en el comportamiento y la evolución de la sociedad. Hay un registro vital de cada robot en el que se puede ver su información, así como los deseos que quieren cumplir para ser felices. Hay deseos que pueden cumplir autónomamente y otros para los que necesitan interacción pública. Cada acción tendrá una consecuencia social que se debe tener en cuenta. El objetivo principal es visualizar y analizar las relaciones de poder que proyectamos dentro de una sociedad de forma física, a través de robots que representan a los individuos, su estado y comportamiento. El punto diferencial e innovador de este proyecto es el desarrollo de una herramienta tecnológica reutilizable para la experimentación social directa a través del arte. Porque en los temas de Inteligencia Artificial, el arte también tiene mucho que aportar.

---

5. http://motherofrobots.com/

2. Arte

Más allá de la ciencia ficción encontramos otras expresiones artísticas que conectan con la inteligencia artificial, ya sea por la rama de creatividad computacional, en la que sistemas de IA componen música, pintan cuadros o escriben novelas o poesía, por las formas en las que el arte plantea problemáticas relativas a la IA, por la generación de obras híbridas o por los planteamientos que se adelantan a la convergencia entre la IA y la bioética. A continuación, las exploramos brevemente.

2.1. Creatividad computacional – cuando los ingenieros exploran el arte

Toda una rama de la IA se dedica, exclusivamente a la creatividad. Ésta es, la creatividad computacional, que consiste en el estudio y la construcción de software capaz de exhibir un comportamiento que sería considerado creativo en humanos. Estos sistemas pueden ser capaces tanto de realizar tareas creativas de resolución de problemas, como de generar teorías matemáticas, escribir poemas, pintar cuadros o componer música (Colton, López de Mántaras y Stock, 2009).

Para ilustrar esto tomaremos dos ejemplos. El primero es el de the *Painting Fool*[6] un pintor artificial creado por Simon Colton que se define como "un programa informático y un aspirante a pintor" en su web, en un texto en primera persona que simula una autodefinición y de sus objetivos del propio programa[7]: "El objetivo de este proyecto para mí es ser tomado en serio algún

6. La información se puede consultar en http://www.thepaintingfool.com/
7. Aunque hay diferentes sistemas de escritura artificial que sí que son capaces de hacer esto, en este caso no es así.

día como artista creativo por derecho propio. He sido construido para exhibir comportamientos que podrían considerarse como habilidosos, apreciativos e imaginativos. Mi trabajo ha sido expuesto en galerías reales y online, las ideas subyacentes a mi creación han sido utilizados para abordar nociones filosóficas tales como la emoción y la intencionalidad de las inteligencias no humanas, y se han publicado varios documentos técnicos sobre la inteligencia artificial, visión artificial y las técnicas de gráficos por ordenador que utilizo".

El segundo ejemplo consiste en un generador automático de juegos de mesa llamado Ludi y desarrollado por Cameron Browne para su tesis doctoral en el Imperial College of London. Este programa es capaz de crear juegos de mesa y explicar las reglas a los jugadores. Lo más interesante es que Ludi aprendido a predecir si un determinado juego podría gustar a los jugadores con un buen nivel de precisión y cuenta al menos con dos juegos (Yavalath y Ndengrod) que han demostrado ser de una calidad excepcional. Los sistemas de creatividad computacional, pueden escribir poesía (WASP, de Pablo Gervás), novelas (PC Writer 2008), componer música (GenJam de Biles) e incluso improvisar acompañamientos a los solos de jazz (NeurSwing), abriendo los campos de posibilidad a formas de creatividad no humanas. O, cuanto menos, híbridas.

2.2. Obras híbridas

En ocasiones, artistas e ingenieros trabajan juntos y puede que suene una combinación tan improbable como las obras que resultan de su colaboración. En concreto, el artista Guy Ben-Ary, de *Symbiotica Research Group* de la Universidad de Australia y del neurólogo Steve Potter de la universidad de Atlanta generaron una curiosa hibridación de creatividad animal y computacional[8]: *Living Screen* un robot que sigue los impulsos de un campo de neuronas de rata situado a miles de kilómetros, al que accede a través de Internet, es capaz de generar obras de arte. Este proceso se completa cuando, también a través de internet, el robot transfiere la información de las realizaciones artísticas al cultivo de neuronas, originando nuevas instrucciones creativas. Este circuito de ida y vuelta de impulsos eléctricos que generan creatividad simula la base neurológica de la inteligencia y la conciencia. Por primera vez una máquina es capaz de inspirarse en fuentes cerebrales no humanas, de realizar creaciones espontáneas y de adaptar la obra de arte a nuevas instrucciones. Este robot presentado en 2003 constituye el primer intento de reflejar la creatividad animal en una obra de arte a través de un robot.

2.3. El arte explora la IA

Todos los casos mencionados anteriormente pueden aportar mucho al campo de la Inteligencia Artificial, pero recuperando el potencial de la ficción especulativa, no podemos olvidar el valor de obras como *Cloud Face* de Shinseungback Kimyonghu, que toma una afición humana: encontrar figuras en las nubes y la transporta a los sistemas de inteligencia artificial de reconocimiento facial descubriendo que, efectivamente, como los humanos, las IA también perciben rostros en las nubes. ¿Es un error de la IA?, ¿es un error humano ver figuras de elementos que obviamente no están ahí?, ¿o es un acto de imaginación?

Si pensamos en otro software de reconocimiento de imágenes, podemos ampliar esta idea de las máquinas que imaginan. *Deep Dream* es un sistema de reconocimiento de imágenes de Google

---

8. Más información en: https://www.symbiotica.uwa.edu.au/residents/ben-ary#Living%20Screen

al que se alimenta de millones de imágenes de ejemplo. En algún momento, le introdujeron imágenes de ruido aleatorio (similar al ruido blanco de la televisión cuando no se ha sintonizado ningún canal) y de este modo se descubrió que las redes neuronales que fueron entrenadas para discriminar entre diferentes tipos de imágenes contaban también con la información necesaria para generarlas que provocó todo un debate público sobre si las máquinas pueden soñar, imaginar, etc.

2.4. El diseño especulativo y la denuncia social

Podemos encontrar también obras de arte que, en principio, no tienen nada que ver con la IA, perro que a la vez pueden estar dándonos muchas claves de su desarrollo futuro Es el caso de Pure human[9] de Tina Gorjanc, en el que desarrolló un sistema a través del cual podía generar prendas de piel con el ADN de un famoso diseñador de moda. Su proceso tiene una patente en trámite que, de lograrse, habrá patentando el ADN de otros ser humano. Lejos de ser un proyecto de moda comercializable, es un proyecto de especulación crítica que alerta sobre la industria de la biotecnología y las patentes biológicas, planteando su preocupación sobre la patentabilidad de los materiales genéticos humanos. La mencionada preocupación se centra principalmente en la falta de vigilancia en cuanto a la protección de la información biológica que permite a las grandes corporaciones de bioingeniería obtener materia prima de pacientes quirúrgicos sin su consentimiento, procesarlos en productos y venderlos como derechos de autor de la empresa de fabricación. El proyecto también tiene como objetivo abordar las deficiencias que están presentes en nuestro sistema legal actual que permite a un individuo u organización reclamar la propiedad

---

9. Más información en: https://www.tinagorjanc.com/pure-human

sobre productos diseñados biológicamente que tienen incrustada con información genética humana.

Podría parecer que nada tiene que ver esto con la IA, pero como adelantábamos antes, biotecnología e IA comparten bastantes puntos de unión. Entre ellas, el sistema de patentes sobre las entidades vivas que produce la biotecnología, plantea desafíos muy similares en lo que a patentes sobre algoritmos respecta. Tal y como afirma López (2019): "originalmente, las patentes no estaban previstas ni para la materia viva, ni para los algoritmos, que se excluían del proceso de apropiación humano por ser productos de la naturaleza (descubiertos y, por tanto, no inventados). Sin embargo, los avances en Biotecnología y en Inteligencia Artificial han forzado que los productos de estas disciplinas se hayan incorporado a los sistemas de protección de la propiedad industrial". Esto plantea cuestiones complejas acerca de qué y qué no debería permitirse ser patentando, sobre los flujos de poder y la acumulación de poder en pocas manos, que veremos más en profundidad en el epígrafe siguiente.

3. Videojuegos

Los videojuegos son el medio algorítmico por excelencia, en ellos interactuamos con los algoritmos, convivimos con diferentes formas de Inteligencia Artificial, y además, podemos experimentar y explorar realidades muy diversas. Por ello es un medio, también interdisciplinar, que no podemos dejar fuera de este análisis.

3.1. Videojuegos y computación humana

En primer lugar, los videojuegos han trabajado de la mano de la inteligencia artificial para entrenarla. Y no me refiero aquí a los complejos algoritmos de la Kinect entrenados durante años por miles de jugadores, sino a la computación humana, en la que humanos trabajan en paralelo con las computadoras para resolver problemas (von Ahn, 2006) para los que los seres humanos son más hábiles que los ordenadores.

Si consideramos la humanidad como una unidad de procesamiento distribuido extremadamente avanzada y de gran escala, es fácil ver que podemos utilizar el poder de procesamiento humano con el fin de resolver un montón de problemas, para lo que se lleva años empleando el videojuego.

Por citar un ejemplo Peekaboom es un juego para localizar objetos en imágenes que puede ser utilizado para entrenar sistemas de visión artificial. Se trata de un juego de dos jugadores en el que un jugador elige un objeto en la imagen y hace clic en él, el otro jugador obtiene sólo la parte de la imagen en la que el jugador hace clic y escribe el nombre del objeto que aparece en ella (von Ahn et al, 2006).

3.2. The Red Strings Club y neuralink

Al igual que en el resto de epígrafes, no son las relaciones funcionales entre este medio y la IA lo que nos interesa, sino la potencia crítica y de anticipación de problemáticas.

Es por ello que queremos dedicarle este epígrafe al videojuego *The Red Strings Club* del equipo valenciano *Deconstructeam*. Este videojuego nos sitúa en un universo futurista en el que las personas tienen implantes con la misma naturalidad con la que en la actualidad tenemos teléfonos móviles. La corporación *Supercontinent Ltd*, responsable de todos los implantes en este universo ficcional, está a punto de lanzar *Social Psyche Welfare*, una actualización automática para todas las personas implantadas que mejorará las funciones neuronales, previniendo enfermedades y controlando las emociones negativas.

Este escenario, de nuevo no tan lejano, pues Eleon Musk con *Neuralink* parece asegurarnos un futuro similar. De venderse como la última interfaz humano máquina que nos permitirá comunicarnos directamente con la red desde nuestro cerebro, ha pasado a anunciarse como la tecnología que nos asegurará una salud neurológica (incluyendo poder acabar, entre otras cosas, con la depresión). El videojuego anticipa problemáticas que van más allá de la del libre albedrío y deja vislumbrar otras, sin hacerlas del todo explícitas.

Abordaré, a mi entender, la más importante: recordemos a los dos pilotos que arrojaron las bombas sobre Hiroshima y Nagasaki, Claude Eatherly y Paul Tibbets. El primero tuvo serios problemas mentales tras haber lanzado la bomba, que lo llevaron a estar internado en hospitales psiquiátricos, el segundo tuvo una vida normal, sin sentir en ningún momento remordimientos. Según parámetros puramente neurológicos o psicológicos, podemos decir que el primero estaba enfermo y el segundo no. Pero, ¿no está mostrando el primero ser una persona mucho más sana al "enfermar" tras un acto tan atroz?, ¿no son las emociones negativas, la ira, la depresión, imprescindibles para la empatía y para comportamientos éticos?, ¿quiénes definen lo que es sano y lo que es enfermo? Recordemos que, por ejemplo, la homosexualidad fue considerada una enfermedad hasta hace unos años. Y, lo más importante, ¿queremos que una compañía que se rige por intereses comerciales pueda tener ese poder?

Tecnologías como *Neuralink*, suponen un acto de pesimismo radical sobre lo humano que se entiende como obsoleto. Gran parte de la IA tiene que ver con el *bigdata*, que por definición, se refiere a cantidades de datos tan inmensas que una mente humana es incapaz de procesar. Estamos generando un mundo basado en un procesamiento de datos a gran escala que somos incapaces de comprender. Como afirma López (2019): "El sueño inconfesable es lograr el 'demonio de Laplace', esto es, una máquina que, previa recopilación de todas las variables posibles, sea capaz de predecir cualquier escenario de una forma completamente determinista. Consciente de este problema, el Grupo Europeo sobre Ética de la Ciencia y las Nuevas Tecnologías, de la Comisión Europea, ha propuesto crear el derecho 'a no ser perfilado, medido, analizado, aconsejado o *nudged*' (Comisión Europea, 2018)".

Este sueño está tomando forma de la mano de la gobernanza algorítmica. Veamos en qué consiste. Actualmente nuestra información está siendo recogida en cada momento. Mientras caminamos con el móvil en el bolsillo, generamos millones de datos. Las aplicaciones que empleamos tienen acceso a nuestra geolocalización, micrófono y teclado, pero también a nuestros gustos, nuestros círculos de amistades y conocidos, los mensajes que intercambiamos, en tiempo, forma y contenido, nuestras opiniones políticas, los viajes que hacemos, lo que compramos, nuestros perfiles psicológicos e incluso nuestros datos biométricos. Las cámaras ya no son una herramienta visible y controlable, están por todos lados formando parte de nuestro entorno. "Los televisores inteligentes te monitorean las veinticuatro horas al día, aunque sus usuarios lo apaguen" (Keenan, 2017, 49), nuestros teléfonos móviles nos ven y ven lo que estamos viendo, nuestro ordenador, los cajeros, incluso es más que probable que las farolas de la calle nos observen y que quizá hagan algo más: las farolas inteligentes de la empresa *Illuminating Concepts* ofrecen un amplio abanico de sensores que incluyen detectores CBRNE (químicos, biológicos, radiológicos, nucleares y de explosivos, por sus siglas en inglés) (Keenan, 2017, p. 89).

El internet de las cosas transforma nuestros objetos en servicios de modo que éstos ya no nos pertenecen pese a haberlos comprado, siguen perteneciendo a la empresa que puede restringir sus usos, impidiéndonos arrancar nuestro vehículo (como ya sucede con algunos vehículos autotripulados) o emplear nuestra cinta de correr (esto está en la patente 8350708 de Nike que permite a tu ropa comunicarse con tu cinta de correr para indicarle si estás o no autorizado a usarla). Pero lo que es más importante, la empresa es dueña también de nuestros datos e información que se envían en todo momento a la empresa, de modo que los diseñadores de aspiradoras inteligentes conocen el perímetro exacto de mi casa y dónde tengo ubicados mis muebles, mi frigorífico inteligente conoce mi lista de la compra y mi pulsera sabe mis pulsaciones y otros datos biométricos incluyendo dónde me encuentro en cada momento. Toda la información adquirida a través de dispositivos digitales, así como todo lo que se puede procesar mediante captura de audio, video, biometría, posición geográfica, adquisiciones y navegación se puede comercializar (Couldry y Mejías, 2019). Todos estos datos conforman la base de una industria que vive de su extracción, que considera los datos privados como un recurso en bruto listo para ser tomado y procesado, sobre el que apenas informan a los usuarios de los que se obtiene toda la información (Jiménez, 2020).

Esta industria fomenta una asimetría de la información cada vez mayor, de modo que lo que los conocen las empresas a través de los dispositivos que empleamos es mucho mayor que lo que conocemos nosotros de dichas empresas, de cómo funcionan sus dispositivos y algoritmos, de la información que obtienen de nosotros y de sus usos. Han alcanzado lo que Keenan denomina una "singularidad de la intimidad". Técnicas como el análisis predictivo, la clasificación por *k-means* y el seguimiento multiplataforma permiten ahondar en lo más profundo de nuestros pensamientos y nuestras conductas (Keenan, 2017,104). Pero son cajas negras que dotan de un poder enorme a la corporación sobre sus usuarios. "Mientras que los sensores proliferan en espacios públicos y privados, hay un conocimiento limitado sobre cómo entender los algoritmos que procesan dichos datos, o incluso barreras de propiedad desde el acceso a tales algoritmos" (Roio, 2018, 54).

Desde las rutas del transporte público, hasta los arrestos o las condenas en función del algoritmo de reconocimiento facial, pasando por la asignación de escuela, cada vez más decisiones de políticas públicas están siendo tomadas por IA. No es sencillo conocer cuáles son, cómo funcionan y a quién pertenecen los algoritmos que toman decisiones sobre la vida pública, pero hay algunas iniciativas que empiezan a tratar de visibilizarlo. Por ejemplo, MuckRock y el *Rutgers Institute for Information Policy & Law* RIIPL han compilado una colección de algoritmos utilizados en las comunidades de los Estados Unidos para automatizar la toma de decisiones del gobierno[10].

Si la IA está tomando cada vez más las decisiones, ¿cuál es nuestro papel?

3.3. *Gamificación y gobernanza algorítmica: ¿quién programa a quién?*

Más allá de los videojuegos como computación humana, o como construcción de ficciones especulativas jugables, el videojuego tiene un impacto mucho mayor en la realidad de lo que pensamos. Estamos viviendo lo que Daniel Muriel denomina una "videoludificación de lo social": Esto ocurre cada vez que diferentes aspectos de nuestras vidas cotidianas son colonizados por la lógica y mecánicas de los videojuegos; cuando contextos sociales muy diferentes, como los de la economía, el trabajo, el ocio, la educación, la salud o el consumo, son atravesados por la razón que

---

10. Beryl Lipton, 2020 "Smarter government or data-driven disaster: the algorithms helping control local communities" disponible en https://www.muckrock.com/news/archives/2020/feb/06/smarter-government-algorithm-database-launch/

gobierna los videojuegos. La expansión de la cultura del video-juego conduce inexorablemente a la videoludificación de lo social (Muriel, 2017, p. 44).

Esta videoludificación de lo social puede expresarse de múltiples formas, siendo una de ellas la gamificación, que supone aplicar estructuras de jugabilidad a cualquier otro ámbito no lúdico (Cortizo et al., 2011; Lee y Hammer, 2011), reforzando conductas por medio de sistemas conductistas de refuerzos positivos y penalizaciones. Si el juego se caracteriza por su improductividad, la gamificación está vinculada a principios mercantilistas de empleo del tiempo de ocio con fines productivos, de forma que "el objetivo final es la maximización de los beneficios, donde las recompensas solamente benefician a unos pocos y no a la mayoría, donde los individuos participan de forma activa en su propia explotación. Es la mentalidad liberal en su máximo exponente" (Muriel, 2017, p. 48). Esta técnica se está empleando en campos tan diversos como la educación, el marketing o el trabajo y es una de las herramientas más empleadas por el capitalismo de plataformas.

La participación activa del usuario que fomenta la gamificación no solo ha empezado a fomentar nuevos modelos productivos, sino también todo un modelo de negocio alrededor de los mismos. Muchas empresas están comenzando a explotar ventajas competitivas, en costes o en diferenciación, derivadas de la participación del usuario y su disponibilidad a colaborar en diversos proyectos en los que no siempre media, necesariamente, contraprestación económica; y cuando existe, suele ser inferior a la que exigiría un profesional medio por realizar el mismo trabajo (Alonso y García, 2014, p. 33).

Quizá el ejemplo paradigmático de este modelo, pueda verse en el portal de Amazon *Mechanical Turk*. Como puede apreciarse en la imagen, las empresas fragmentan trabajos en pequeñas tareas y ofrecen pagos ínfimos que ni rozan el salario mínimo de muchos países a cualquiera que las realice.

Transcribe up to 35 Seconds of Media to Text - Earn up to $0.17 per HIT!			
Requester: Crowdsurf Support	HIT Expiration Date: Jun 9, 2017 (51 weeks 6 days)	Reward: $0.05
	Time Allotted: 15 minutes	
Extract purchased items from a shopping receipt			
Requester: Scoutlt	HIT Expiration Date: Jun 17, 2016 (6 days 23 hours)	Reward: $0.08
	Time Allotted: 2 hours	
Extract purchased items from a shopping receipt (1-2 items)			
Requester: Scoutlt	HIT Expiration Date: Jun 17, 2016 (6 days 23 hours)	Reward: $0.01
	Time Allotted: 2 hours	
Get Product Codes and Prices from a receipt ($$ BONUS UP TO 50 CENTS)			
Requester: Shopping Receipts US	HIT Expiration Date: Jul 1, 2016 (2 weeks 6 days)	Reward: $0.01
	Time Allotted: 45 minutes	
Review, edit, and score the transcription of up to 35 seconds of media - Earn up to $0.14 per HIT!			
Requester: Crowdsurf Support	HIT Expiration Date: Jun 9, 2017 (51 weeks 6 days)	Reward: $0.02
	Time Allotted: 15 minutes	

Captura de pantalla de la página web de Amazon *Mechanical Turk* (https://www.mturk.com/) el 09/06/2016 a las 23:17h.

Amazon define esta pseudo-automatización del trabajo como "inteligencia artificial artificial": la repetición aquí tiene significado, indica que la presencia de una IA es falsa, sustituida por humanos invisibles (Roio, 2018, 26). Desafortunadamente, estos ejemplos, no son más que una ínfima muestra de cómo "los algoritmos de servicio de la actividad laboral humana se consideran cada vez menos mano de obra, enajenados en el dominio de los juegos o la interacción social mientras se explotan por su valor en los mercados. Al mismo tiempo, el trabajador ya no es perceptible como tal" (Roio, 2018, 30).

Pero el trabajo sólo es uno de los ámbitos posibles de la gamificación, que se cuela en cada aspecto de nuestra vida, desde la educación a la elección de pareja, desde el control de nuestra atención, a la modificación sutil de nuestra conducta. Si estamos delegando nuestra toma de decisiones a los algoritmos, que programan nuestras acciones sirviéndose de procesos conductistas gamificados con refuerzos positivos: ¿quién programa a quién?

Conclusiones

A lo largo del artículo hemos tratado de perfilar horizontes y problemáticas que se abordan desde diferentes medios, como la ciencia ficción, el arte o los videojuegos, sin intención de clarificar nada, sino más bien de generar más preguntas, de pincelar cuán rica y fructífera puede ser, ya no la interdisciplina, cada vez más imprescindible, sino la hibridación misma con otras formas de abordar el conocimiento que no son, en sí mismas, disciplinas, sino otra cosa.

Referencias

Ai, H., Litman, D. J., Forbes-Riley, K., Rotaru, M., Tetreault, J., & Purandare, A. (2006). Using system and user performance features to improve emotion detection in spoken tutoring dialogs. In *Ninth International Conference on Spoken Language Processing*.

Alonso, M.I. y García, J. (2014). Crowdsourcing: la descentralización del conocimiento y su impacto en los modelos productivos y de negocio, *Cuadernos de Gestión* Vol. 14 - No 2 (Año 2014), pp. 33- 50.

Anderson, M. y Anderson, S.L. (2011). Machine Ethics. Cambridge University Press. En Jaimen, N. (2021), Game Based Learning in Science Fiction, Videojogos 2020: *12th International Conference on Videogame Sciences and Arts*. *Polytechnic Institute of Bragança (EsACT – IPB) and the Portuguese Society of Videogames Sciences (SPCV)*.

Andrada, G. y Sánchez, P. (2013). Hacia una alianza continental-analítica: el cyborg y la mente extensa. *Actas de Horizontes de Compromiso, 50.o Congreso de Filosofía Joven, Granada.*

Bickmore, T., & Giorgino, T. (2004). Some novel aspects of health communication from a dialogue systems perspective. In *AAAI Fall Symposium on Dialogue Systems for Health Communication*, (pp. 275-291).

Biles, J.A. (1995). *GenJam Populi: Training an IGA via audience-mediated*.

Breazeal, C. (2002). *Designing Sociable Robots*. MIT Press.

Cabañes, E. (2013). Trurl y Klapaucius: reflexiones sobre creatividad ¿artificial? *Revista de Estudios de Juventud*, (103), pp. 69-82.

Camurri, A., Mazzarino, B., Volpe, G. (2004). Expressive interfaces. *Cognition, Technology and Work*, 6 (1), pp. 15-22.

Clark, A., Chalmers, D. J. (2002). *The Extended Mind, Philosophy of Mind: Classical and Contemporary Readings*, Oxford University Press.

COMISIÓN EUROPEA. GRUPO EUROPEO SOBRE ÉTICA DE LA CIENCIA Y LAS NUEVAS TECNOLOGÍAS. (2018). Statement on Artificial Intelligence, Robotics and 'Autonomous' Systems, European Group on Ethics in Science and New Technologies. En López Baroni, Manuel Jesús. (2019). *The narratives of artificial intelligence*. *Revista de Bioética y Derecho, (46)*, 5-28. Epub 01 de octubre. de 2019.

Colton, S. López de Mántaras, R., Stock, O. (2009). *Computational Creativity, Coming of Age AI Magazine* 30(3), Association for the Advancement of Artificial Intelligence.

Corradini, A., Mehta, M., Bernsen, N. O., Charfuelán, M. (2005). Animating an interactive conversational character for an educational game system. In: *Proc. of the 2005 International Conference on Intelligent User Interfaces*. San Diego, CA, USA, pp. 183-190.

Cortizo P., et al. (2011). *VIII Jornadas Internacionales de Innovación Universitaria, ed. Gamificación y Docencia: Lo que la Universidad tiene que aprender de los Videojuegos*.

Couldry, Nick and Ulises Mejias. (2019). *Data Colonialism: Rethinking Big Data's Relation to the Contemporary Subject. Television & New Media* 20 (4): 336-349.

Cowie, R., Schröder, M. (2005). Piecing Together the Emotion Jigsaw. *Lecture Notes on Computer Science* 3361/2005, 305-317.

Freire, M. (2007). *La importancia del conocimiento: Filosofía y ciencias cognitivas*. Netbiblo.

Gebhard, P., Klesen, M., Rist, T., (2004). Coloring multi-character conversations through the expression of emotions. En: *Proc. of Tutorial and Research Workshop on Affective Dialogue Systems*. Kloster Irsee, pp. 128-141.

Giere, R. (2002). Distributed Cognition in Epistemic Cultures, *Philosophy of Science*, vol. 69, pp. 637-644.

Hall, L., Woods, S., Aylett, R., Paiva, A., Newall, L., (2005). Achieving empathic engagement through affective interaction with synthetic characters. En: *Proc. of the 1st International Conference on Affective Computing and Intelligent Interaction* (ACII'05). pp. 731-738.

Hottois, G. (2021). Technoscience: From the Origin of the Word to Its Current Uses. En Jaimen, N. *Game Based Learning in Science Fiction, Videojogos 2020: 12th International Conference on Videogame Sciences and Arts. Polytechnic Institute of Bragança (EsACT – IPB) and the Portuguese Society of Videogames Sciences (SPCV)*.

Humphreys, P. (2004). *Extending Ourselves. Computational Science, Empiricism and Scientific Method*. Oxford University Press.

Hutchins, E. & Norman, D. A. (1988). *Distributed cognition in aviation: a concept paper for NASA (Contract No. NCC 2-591)*. Department of Cognitive Science. University of California, San Diego.

Hutchins, E. (1995). *Cognition in the Wild*. MIT Press.

Jaimen, N. (2021). Game Based Learning in Science Fiction, Videojogos 2020: *12th International Conference on Videogame Sciences and Arts*. Polytechnic Institute of Bragança (EsACT – IPB) and the Portuguese Society of Videogames Sciences (SPCV).

Jiménez, A. (2020). The Silicon Doctrine, tripleC: *Open Access Journal for a Global Sustainable Information Society*, Vol 18, No 1.

Keenan (2017). *Tecnosiniestro*, EUDEBA.

Lee, J. J., & Hammer, J. (2011). Gamification in education: What, how, why bother? *Academic exchange quarterly*, 15(2).

Lem, S. (1979). *Ciberiada*, Editorial Bruguera.

López Baroni, M. J. (2019). The narratives of artificial intelligence. *Revista de Bioética y Derecho*, (46), pp. 5-28.

Macías, P. (2018). *Explorando el futuro de Patricia, II Premio Ripley – Relatos de ciencia ficción y terror*. Ediciones Triskel.

Muriel, D. (2017). La videoludificación de lo social en la era digital y la cultura del videojuego, en Muriel, D. y San Salvador del Valle, R. *Tecnología digital y nuevas formas de ocio*. Universidad de Deusto, pp. 39-57.

Norman, D. A. (1990). *La psicología de los objetos cotidianos*. Nerea.

PARLAMENTO EUROPEO (2017). Resolución 2015/2103. INL del Parlamento Europeo, con recomendaciones destinadas a la Comisión sobre normas de Derecho civil sobre robótica. En López Baroni, M. J. (2019). *The narratives of artificial intelligence. Revista de Bioética y Derecho*, (46), pp. 5-28.

Persili, N. (2017). The 2016 U.S. Election: Can Democracy Survive the Internet?, *Journal of Democracy*, Johns Hopkins University Press, 28,(2), pp. 63-76.

Picard, R.W. (1997). *Affective Computing*. MIT Press.

Roio, D. (2018). *Algorithmic Sovereignty*. (Doctoral dissertation, University of Plymouth).

Todd, P.M. (1999). Simulating the evolution of musical behavior. En Wallin, I. (Ed.), *The origins of music*. MIT Press.

Von Ahn, L. (2006). Games with a purpose. *Computer*, 39(6), pp. 92-94.

Von Ahn, L., Liu, R., & Blum, M. (2006). Peekaboom: a game for locating objects in images. In *Proceedings of the SIGCHI conference on Human Factors in computing systems*, (pp. 55-64).

Wilks, Y., (2006). Artificial companions as a new kind of interface to the future Internet. *Tech. Rep.* 13, Oxford Internet Institute.

Capítulo 9

Redes sociales y manipulación social

Laura Trujillo Liñán

Introducción

Desde hace varios años el concepto de red social ha tenido una gran importancia en la sociedad, debido a que el hombre busca relacionarse con otras personas y a que ésta es la naturaleza de las redes. Es, sin embargo, importante resaltar, que las redes sociales no son algo nuevo, que haya surgido en el siglo XX, sino que, son tan antiguas como las relaciones entre los seres humanos. Desde la antigüedad los seres humanos han requerido unirse para poder satisfacer sus necesidades más básicas, esto es ya una red social. Asimismo, podemos decir que, por definición, las redes sociales son estructuras formadas por personas que se conectan a partir de intereses comunes; a través de ellas, se generan relaciones entre individuos que forman comunidades grandes y pequeñas. Si bien es cierto estas relaciones antes eran mayormente físicas, hoy en día son más que nada virtuales pues, la llegada del internet ha permitido que éstas se formen de manera más fácil y eficaz, las redes sociales han dejado de estar limitadas por la presencia física y los límites geográficos. Hoy nos encontramos con redes sociales virtuales, conectadas a través de internet, cuyos miembros pueden estar en cualquier lugar del mundo, pero que comparten cosas en común.

La llegada del internet ha potenciado el uso de las redes sociales, las personas pueden formar parte de un sinnúmero de comunidades a las que creen pertenecer o simplemente tienen algo en común con ellas, asimismo, el avance en el uso de algoritmos ha facilitado a grandes empresas, atraer a más personas a las redes sociales para con ello, mostrarles contenidos atractivos que los lleven a consumirlos y así, favorecer la economía del país, no necesariamente de la persona.

A través de este capítulo pretendo mostrar cómo las redes sociales manipulan a las personas a través de los contenidos que ofrecen y que ello conlleva una pérdida de libertad que consume a la persona en un ambiente en el que se favorece el consumismo y se deja a un lado el bien de la persona y así de la sociedad.

1. La pérdida de la libertad

Hablar de redes sociales nos lleva inevitablemente al tema de la libertad, entendida como la posibilidad de elegir de acuerdo con una determinación propia (Brown, 2017), es decir, sin ser manipulados o persuadidos a ello pues, pues, el tiempo que dedicamos a este tipo de actividades suele ser cuando estamos desocupados de las labores escolares, académicas, profesionales, etc. En este sentido, lo que se busca en ellas es "ser libre", una vez que hemos dejado las ataduras de nuestros horarios fijos, de actividades obligadas, deseamos hacer lo que nos gusta, lo que nos place, lo que nos hace sentir libres, sin embargo, esta actividad no deja muy claro el hecho de que seamos libres realmente, al parecer en realidad a través del uso de las redes sociales estamos más atados que nunca a los caprichos de las empresas, la sociedad, la economía de cada país.

Es en este sentido relevante, hacer un recuento de la manera en que las redes sociales han afectado la manera en que el ser humano interactúa en ellas y su influencia en las decisiones que toma. En esta misma línea, a partir del 2000 con la llegada del internet y la creación de los *smartphones*, las personas tienen la posibilidad de llevar todo el tiempo consigo estos dispositivos que permiten realizar diferentes funciones como enviar mensajes, hacer llamadas desde cualquier lugar, acceder a tus redes sociales, al internet, trabajar, conversar, enviar tu ubicación geográfica, etc. Cada una de estas funcionalidades, vienen además programadas a través de algoritmos que aprenden todo aquello que se realiza en cada momento y además, sugieren hacer o no determinadas actividades (Harris, 2016). En este sentido, los dispositivos inteligentes dan un seguimiento constante de lo que se hace y devuelven al usuario reacciones prediseñadas todo el tiempo (Levin, 2017). Es importante también señalar que, las personas permiten que dichos dispositivos realicen este seguimiento constante, incluso, los alimentan para que cada una de las aplicaciones tenga un conocimiento mayor de los usuarios, a través de la aceptación de las llamadas "cookies", avisos de privacidad o resolución de diferentes cuestionarios en línea, los algoritmos son alimentados con información personalizada en cada momento y a través de esta información, las redes sociales nos sugieren contenidos que son acordes a nuestros gustos. Poco a poco, los ingenieros que tienen a su alcance la información que cada persona "libremente" da, las va capturando con intenciones que desconocemos. "Somos animales de laboratorio" (Lanier, 2018, p. 67). En esta línea, Sean Parker, primer presidente de Facebook, advirtió en una entrevista en el 2017: "No sé si realmente entendí las consecuencias de lo que estaba diciendo, debido a las consecuencias no deseadas de una red cuando crece a mil o 2 mil millones de personas y literalmente cambia su relación con la sociedad, entre ustedes" Las redes sociales crean "un ciclo de retroalimentación de validación social" al dar a las personas "un poco de dopamina de vez en cuando, porque a alguien le gustó o comentó una foto o una publicación o lo que sea" (Brown, 2017). Así también, Chamath Palihapitiya, exvicepresidente de crecimiento de usuarios de Facebook, también expresó recientemente sus preocupaciones. Durante una discusión pública en la *Stanford Graduate School of Business*, Palihapitiya, quien trabajó en Facebook de 2005 a 2011, dijo a la audiencia: "Creo que hemos creado herramientas que están destrozando el tejido social de cómo funciona la sociedad" (Brown, 2017). De acuerdo con lo anterior, se puede ver cómo las redes sociales están erosionando la base fundamental de cómo las personas se comportan entre sí ya que, en cierto sentido, el comportamiento de las personas no es real, no es libre como tal sino manipulado o guiado a través de los algoritmos que gobiernan las redes sociales y así nuestro comportamiento. La situación es tan grave que, Jaron Lanier, creador de la realidad virtual en Silicon Valley en 1995, exige a los usuarios eliminar las redes sociales, así también personalidades como Parker y Palihapitiya, han dejado de usar las redes sociales y han prohibido su uso a sus hijos.

La manera como funcionan estos algoritmos es a través de correlaciones de lo que las personas hacen frente a todos los demás. En este sentido, se puede ver que es un programa lógico-matemático en el que los algoritmos, realmente no entienden lo que hacemos, pero los datos confieren poder, sobre todo en grandes cantidades: "Si a muchas otras personas a las que les gustó la misma comida que a nosotros les desagrada ver imágenes de un candidato enmarcadas en color rosa en lugar de en azul, probablemente a nosotros también, y no hace falta que nadie sepa por qué es así" (Lanier, 2018). Pensemos, cuánto tiempo pasa una persona en redes sociales al día. Una encuesta realizada por Statista de diciembre de 2020 a enero de 2021 reveló que Facebook es la red social con el mayor porcentaje de usuarios en México. Un 97% de los usuarios de redes sociales encuestados dijo tener acceso a Facebook. WhatsApp fue la segunda plataforma más usada por los mexicanos, obteniendo un 95% de los encuestados. En tercer lugar, se ubicó Instagram, con un 73%. Asimismo, se afirma que, en 2019, aproximadamente 77 millones de personas eran usuarios de redes sociales en México. Se prevé que esta cifra supere los 95 millones en 2025. A principios de 2020, el porcentaje de la población mexicana con acceso a redes sociales alcanzó el 69% (Salas, 2021).

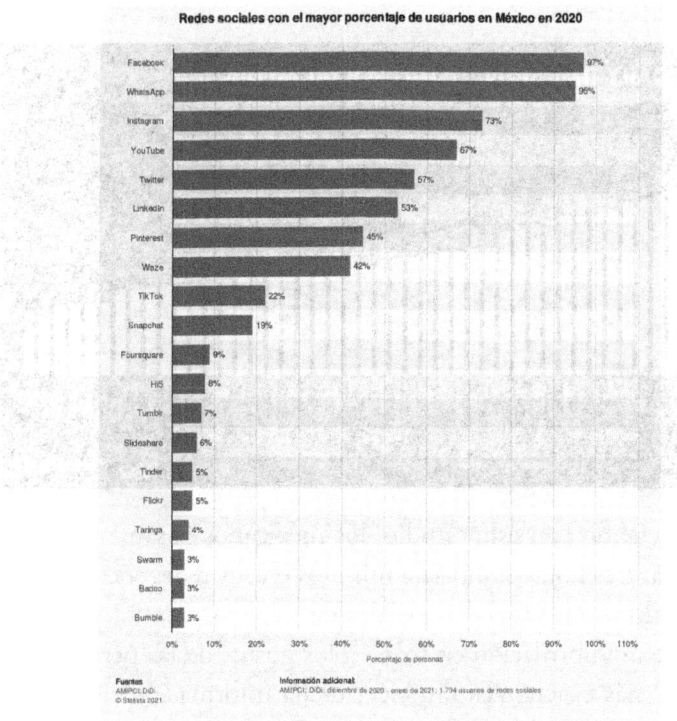

Así también, en un estudio reciente, se dice que, en conjunto, los usuarios de las redes sociales del mundo pasarían un total de 3,7 billones de horas en las redes sociales en 2021, lo que equivale a más de 420 millones de años de existencia humana combinada y aunque, existen diferencias significativas entre los diferentes países del mundo, Filipinas es uno de los países que más consume redes sociales con un promedio de 4 horas y 15 minutos por día en las plataformas sociales, media hora más que los colombianos que ocupan el segundo lugar. En el otro extremo de la escala, los usuarios de Japón dicen que pasan menos de una hora al día en las redes sociales, aunque la cifra de 51 minutos de este año sigue siendo un 13 por ciento más alta de lo que los usuarios japoneses informaron que gastaron en las redes sociales esta vez el año pasado (Kemp, 2021).

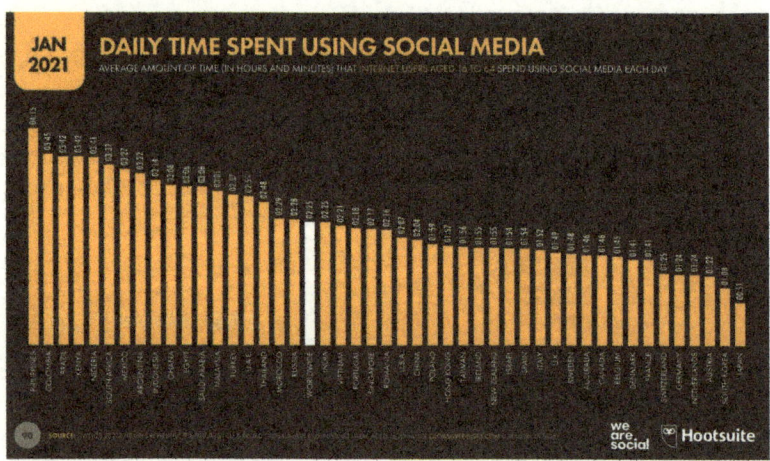

De acuerdo con este estudio, los mexicanos pasan en promedio al día, tres horas veintisiete minutos en sus redes sociales, esto implica alimentar las redes sociales de manera gratuita para permitir que la información en torno a los gustos de las personas sea cada vez más exacta. Así también, dicha información se ofrece a anunciantes o a empresas que desean ofertar sus servicios en momentos clave, si la persona se encuentra triste, se siente sola, alegre, confiada, esta es la situación perfecta en la que se encuentra predispuesta a consumir ciertos contenidos o comprar. De acuerdo con

The Guardian en el 2017, Facebook mostró a los anunciantes cómo tiene la capacidad de identificar cuando los adolescentes se sienten "inseguros", "inútiles" y "necesitan un impulso de confianza", según un documento filtrado que tuvo como base una investigación realizada silenciosamente por la red social. El informe interno que fue elaborado por los ejecutivos de Facebook, y obtenido por el periódico *The Australian,* informa que la empresa puede monitorear publicaciones y fotos en tiempo real para determinar cuándo los jóvenes se sienten "estresados", "derrotados", "abrumados", "ansiosos", "nerviosos", "estúpidos", "tontos", "inútiles" y "fracasados" (Levin, 2017) y esto puede ser identificado a través de la interacción que se hace con la plataforma, los sitios que se visitan, los comentarios que se ponen, las palabras que se usan, los *likes* que se dan, etc. *The Australian* afirmó además que dicho documento fue elaborado por dos ejecutivos australianos David Fernández y Andy Sinn (Levin, 2017), quienes describieron cómo la red social (Facebook), recopiló información psicológica sobre estudiantes de secundaria, estudiantes universitarios y jóvenes australianos y neozelandeses que trabajaban. Finalmente, afirma el periódico los datos disponibles para los anunciantes pueden incluir el estado de la relación de un usuario joven, la ubicación, la cantidad de amigos en la plataforma y la frecuencia con la que acceden al sitio en dispositivos móviles o computadoras de escritorio. El periódico informó que Facebook también tiene información sobre los usuarios que están discutiendo "verse bien y tener confianza en el cuerpo" y "hacer ejercicio y perder peso". Es de esta manera como Facebook, así como otras redes sociales como *Instagram* que ya pertenece al consorcio y *WhatsApp,* pueden analizar más a fondo cómo los usuarios "representan la emoción y se comunican visualmente". El informe también establece que Facebook es capaz de "comprender" cómo se comunican las emociones en diferentes días de la semana de un joven: "Es más probable que las emociones anticipatorias se expresen a principios de la semana, mientras que las emociones reflexivas aumentan el fin de semana", dijo el documento, según *The Australian*. "De lunes a jueves se trata de generar confianza; el fin de semana es para transmitir logros" (Levin, 2017). Ahora bien, ¿cómo lo hacen?, las diferentes redes sociales cuentan con científicos que se dedican a estudiar los comportamientos de las personas a través de diferentes elementos, por ejemplo, la manera de escribir, en el artículo *How Annotation Styles Influence Content and Preferences* (Cheng y Cosley, 2013), por ejemplo, se analiza la manera en que las personas comentan imágenes, tomando en cuenta tres estilos de anotaciones diferentes: etiquetas de una sola palabra, etiquetas de varias palabras y comentarios. A través de este estudio, se encontraron diferencias significativas en la forma en que los estilos de anotación influyen en la objetividad, el carácter descriptivo y el interés de las anotaciones. Asimismo, a través de estas etiquetas, es posible identificar quién es productor de contenidos o consumidor (Cheng y Cosley, 2013). Así también, es posible conocer las intenciones de las personas, como lo menciona el artículo *Don't Let Me Be Misunderstood: Comparing Intentions and Perceptions in Online Discussions* (Chang, Cheng, y Danescu-Niculescu-Mizil, 2020) en el que se describe cómo en un discurso pueden estudiarse dos perspectivas: la intención de una persona al hacer un enunciado y la percepción de los demás de ese enunciado. La falta de alineación entre estas perspectivas puede conducir a resultados indeseables, como malentendidos, baja productividad e incluso conflictos abiertos. A través de un marco computacional, los autores exploran y comparan ambas perspectivas en discusiones públicas en línea. Así, en el trabajo se combinan datos registrados sobre comentarios públicos en Facebook con una encuesta de más de 16.000 personas sobre sus intenciones al escribir estos comentarios o sobre sus percepciones de los comentarios que otros habían escrito. En particular, comentan los autores, este análisis se centra en los juicios sobre si un comentario expresa un hecho o una opinión, ya que estos conceptos se confunden a menudo. A través de este estudio, se descubrió que es más probable que las personas perciban las opiniones que las intenciones, y las señales lingüísticas que indican la intención de un enunciado pueden diferir de las que indican cómo se percibirá.

Además, esta desalineación entre las intenciones y las percepciones se puede vincular a la salud futura de una conversación, por ejemplo, cuando el comentario de un autor tiene como intención compartir un hecho y se percibe erróneamente como que comparte una opinión, es más probable que la conversación subsiguiente cambie de rumbo y se convierta en un comportamiento descortés, el cual habría sido distinto si la percepción del comentario hubiera sido la que realmente buscaba el autor del mismo. Estos hallazgos, afirman los autores, pueden establecer el diseño de plataformas de discusión para promover interacciones positivas o bien negativas (Chang, Cheng, y Danescu-Niculescu-Mizil, 2020). Finalmente, también se ha estudiado la manera en que la gente puede ser motivada a donar por ejemplo para alguna situación en especial, el estudio comprende el análisis de diferentes plataformas como indiegogo.com, experiment.com, entre otros, que son plataformas que piden el apoyo de la gente para continuar con el desarrollo de innovaciones, experimentos o apoyos para personas en situación de pobreza. Los estudios realizados en torno a esta temática muestran cómo es necesaria la participación de un número determinado de personas para poder activar a otras personas y que participen donando dinero. Es muy interesante hacer notar que las redes sociales no se guían por el comportamiento de las personas, es decir, no son las personas las que "controlan" en este sentido las redes, las que dirigen el contenido que se va compartiendo, los gustos, etc., sino que, por el contrario, son las redes sociales las que dominan a las personas y así a la sociedad al manipular científicamente los discursos, las imágenes y así las opiniones de la gente. La sociedad, como ya lo han mencionado altos ejecutivos de Facebook, está siendo controlada y dirigida hacia caminos desconocidos por la sociedad misma. Quizá, alguien podría afirmar que esto siempre se ha hecho, los diversos medios, ya sea televisión, radio, cine, etc., siempre han utilizado ciertos recursos para persuadir o manipular a las personas hacia ciertas acciones, sin embargo, hay que tener claro que:

> Antes los anunciantes tenían contadas ocasiones para intentar vender sus productos, y ese intento podía ser subrepticio o molesto, pero era pasajero. Además, muchísima gente veía el mismo anuncio en televisión o en prensa: no estaba adaptado a cada individuo. La mayor diferencia era que no se nos monitorizaba y evaluaba continuamente para poder enviarnos estímulos optimizados de forma dinámica –ya fuesen «contenidos» o anuncios– para captarnos y alterarnos. Ahora todo aquel que está presente en las redes sociales recibe estímulos que se ajustan de manera individual y continua, sin descanso, siempre que se use el teléfono móvil. Lo que en otra época podría haberse llamado «publicidad» ahora debe entenderse como modificación continua de la conducta a una escala colosal (Lanier, 2018, p. 86).

En este sentido, la Teoría del Cultivo propuesta por George Gerbner en 1973 (Signorielli, 2014), afirma que la gente modela inconscientemente su proceso de pensamiento y comportamiento con base en lo que consume, asimismo, la gente cada vez más depende de modelos en los medios para entender las normas, valores, etc. de la sociedad en la que vive. En realidad, los medios son el mapa de nuestra realidad, con lo cual, lo que las redes presentan a la personas será la realidad o el deber ser para ellas. Poco a poco, entre más tiempo se pase en los dispositivos electrónicos, mayor será la posibilidad de modelar a las personas con base en lo que las redes les presentan. Las consecuencias de esta dinámica no pueden ser menores, si bien las personas son condicionadas a actuar y pensar de cierta manera, también los efectos tienen que ver con depresión, soledad, sensación de liberación, sentimientos de desconfianza, de que el mundo es peligroso, entre otros efectos. Así, la libertad de la persona se está perdiendo a causa de la manipulación constante que ejercen sobre ella las redes sociales.

2. Nuevos modelo de aprendizaje

Algunas teorías psicológicas en comunicación[1] afirman que, para lograr que un mensaje impacte en la sociedad, es necesario que altere el funcionamiento psicológico del individuo de forma que responda explícitamente con modos de conducta deseados o sugeridos por el persuasor, en este sentido tenemos:

Con base en estas teorías, las redes sociales han desarrollado un proceso científico para alterar patrones de comportamiento en las personas, para con ello, manipular sus gustos y crear adicciones:

> El daño a la sociedad se produce porque la adicción enloquece. El adicto pierde progresivamente el contacto con el mundo y las personas reales. Cuando mucha gente se vuelve adicta a mecanismos manipuladores, el mundo se desquicia y se vuelve oscuro.

---

1. Me refiero a los modelos alternativos de comunicación que se refieren a los aspectos psicodinámicos, socioculturales, de difusión y modelaje entre otros. DeFleur, Ball-Rokeach y Chic (1985).

La adicción es un proceso neurológico que no entendemos por completo. Un neurotransmisor, la dopamina, desempeña un papel protagonista en la obtención de placer y se cree que es esencial en el mecanismo de alteración de la conducta en respuesta a la obtención de recompensas (Lanier, 2018, p. 152).

En este sentido, se puede ver que el cerebro es más moldeable de lo que tendemos a creer. Creamos nuestras herramientas y ellas dan forma a nuestro cerebro. Cuando se utiliza la tecnología persuasiva de manera repetida, ésta comienza a modificar los pensamientos, sentimientos, motivaciones y atención, de esta manera, comienzan a replicar lo que la tecnología nos ha enseñado. Este entrenamiento crea una especie de impulso neuronal que nos hace más propensos a persistir en esos comportamientos, incluso cuando no son buenos para nosotros. Las redes sociales utilizan este tipo de tecnología persuasiva en el que las palancas psicológicas se empujan una y otra vez, a menudo sin nuestra conciencia. En realidad, todo en ellas está diseñado para provocar adicción, no son estructuras diseñadas al azar, así muchos diseños aprovechan deliberadamente las vulnerabilidades más profundas de la persona al promover un comportamiento compulsivo que compromete la autonomía y bienestar (Harris, 2021). Algunos ejemplos de estas estructuras son:

2.1. Los comentarios, likes, retuits, influyen en el comportamiento de las personas en línea

De acuerdo con Justin Cheng[2] (Cheng, 2021), los sistemas de redes sociales se basan en los comentarios de los usuarios y

---

2. Científico investigador en Facebook Core Data Science. Estudia redes, bienestar y comportamiento antisocial. Es Doctor en Ciencias de la Computación por la Universidad de Stanford.

los mecanismos de calificación para la personalización, la clasificación y el filtrado de contenido. Así, cuando los usuarios evalúan el contenido aportado por otros usuarios (por ejemplo, dando me gusta a una publicación o votando un comentario), estas evaluaciones crean efectos de retroalimentación social complejos. A través del trabajo de investigación de este autor se detectó que las calificaciones de un contenido afectan el comportamiento futuro de su autor. Al estudiar cuatro grandes comunidades de noticias basadas en comentarios, se encontró que la retroalimentación negativa conduce a cambios de comportamiento significativos que son perjudiciales para la comunidad. No solo los autores de contenido evaluado negativamente contribuyen más, sino que sus publicaciones futuras son de menor calidad y la comunidad las percibe como tales. Además, es más probable que estos autores evalúen posteriormente a sus compañeros usuarios negativamente, filtrando estos efectos a través de la comunidad. Por el contrario, la retroalimentación positiva no tiene efectos similares y no anima a los autores recompensados a escribir más ni mejora la calidad de sus publicaciones. Curiosamente, los autores que no reciben comentarios tienen más probabilidades de abandonar una comunidad. Además, un análisis estructural de la red de votantes revela que las evaluaciones polarizan más a la comunidad cuando los votos positivos y negativos se dividen por igual. En este sentido, se puede ver cómo la retroalimentación positiva ayuda a que las comunidades tengan mejor comunicación, que se hagan más grandes y que los usuarios permanezcan en ellas. Las redes sociales pueden incluso, sugerir estos contenidos a otras personas con gustos similares para que den calificaciones positivas, se integren a la comunidad y ésta se haga más fuerte.

Podemos citar varios ejemplos de la retroalimentación que se da en las redes, por ejemplo, Tripadvisor:

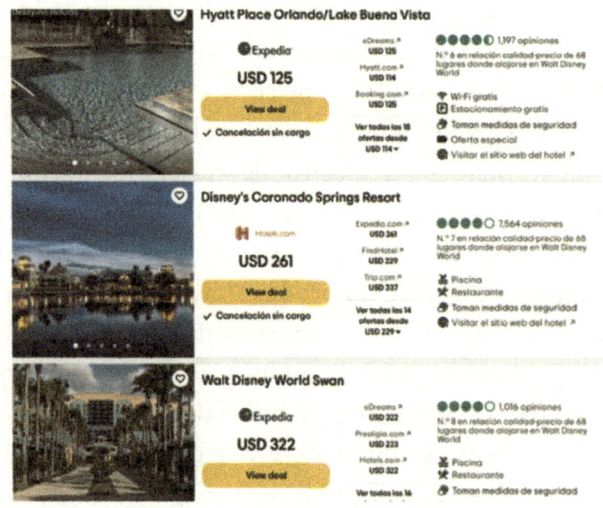

Amazon:

Aquí se muestra cómo la retroalimentación que dan las personas no sólo califica el producto; sino que modifica el comportamiento en el momento de comprar, reservar productos o servicios. Un mal comentario, puede llevar a la empresa a desaparecer del mercado o bien, colocarla en niveles tan bajos que las personas pueden no encontrarla en sus búsquedas. En este tipo de dinámicas, también las diversas plataformas manipulan los comentarios y la presencia de las empresas en lugares visibles para los usuarios de manera que, si el usuario puede ver el negocio, tienen mayor posibilidad de tener comentarios positivos y subir de nivel o presencia en la plataforma. De la misma manera funcionan las redes sociales, a los usuarios les gusta que sus publicaciones estén vigentes y que contengan comentarios positivos o *likes*, es una actitud que poco a poco se va convirtiendo en adicción.

2.2. La comparación social

Esta estrategia tiene como base la idea de que las personas tienden a compararse entre sí tanto en la vida real como en línea. El estudio que revela Justin Cheng (2021), tiene como base una encuesta a 38,000 personas de 18 países con actividad registrada en Facebook. Las personas que informaron una comparación social más frecuente pasaron más tiempo en Facebook, tenían más amigos y vieron proporcionalmente más contenido social en el sitio. También vieron una mayor cantidad de comentarios sobre las publicaciones de amigos y proporcionalmente más positividad. No hubo evidencia de que la comparación social ocurriera más con conocidos que con amigos cercanos. Uno de cada cinco encuestados recordó haber visto recientemente una publicación que los hizo sentir peor consigo mismos, pero informó opiniones contradictorias: la mitad desearía no haber visto la publicación, mientras que un tercio se sintió muy feliz por la publicación. Se discuten las oportunidades de diseño, incluido el ocultamiento de los recuentos de comentarios, los filtros para temas y personas, y el apoyo a interacciones significativas, de modo que cuando se produzcan comparaciones, las personas se vean menos afectadas por ellas. Es claro a partir de lo anterior, que las plataformas sociales, en especial Facebook y ahora Instagram, promueven que la gente comparta situaciones felices: viajes, compromisos, retos logrados, etc., para que ello haga que otras personas se comparen con éstas y reaccionen ante sus publicaciones. Lo que quizá no pudieron ver estas redes sociales, son los efectos contrarios que se han generado con estas dinámicas pues, si bien las redes sociales han ganado más seguidores y con ello, más empresas desean anunciarse en las mismas, hay muchas personas, sobre todo los jóvenes, que están sufriendo depresión y angustia al ver un mundo totalmente diferente al que ellos conocen, de hecho, hay personas que prefieren estar en las redes sociales que estar en el mundo real por los contenidos que éstas les muestran Así, la presión social entra como un factor esencial en el juego de las redes sociales:

> La fuerza de lo que piensen los demás ha demostrado tener capacidad suficiente para modificar el comportamiento de los sujetos participantes en estudios famosos como el experimento de Milgram o el de la cárcel de Stanford. Personas normales, sin antecedentes penales, fueron obligadas a hacer cosas horribles, como torturar a otras, usando únicamente la presión social (Lanier, 2018, p. 233).

En un estudio reciente en el que se siguió a más de 3800 adolescentes durante cuatro años como parte de un programa de prevención de drogas y alcohol (Psychologist, 2020), se dio seguimiento a la cantidad de tiempo que los adolescentes pasaban frente a una pantalla, incluido el tiempo que pasaban en las redes sociales, así como sus niveles de síntomas de depresión. Algunos de los hallazgos principales tienen que ver con que, aquellos adolescentes que usaban más las redes sociales tenían puntuaciones más altas de depresión. Específicamente, por cada hora al día que un adolescente pasaba en las redes sociales más que sus compañeros, probablemente tenía una puntuación de depresión de 0,64 puntos más alta. Sin embargo, este estudio no es definitivo, hay otros estudios que reflejan que la depresión que una persona puede tener no necesariamente tiene que ver con el uso de las redes sociales, otros aspectos pueden influir como, una situación terrible en casa, abuso infantil, etc. Lo cierto es que, muchas personas eligen pasar más tiempo en las redes sociales y las actitudes que son sugeridas por éstas pueden generar depresión y angustia a las personas, como veíamos en el primer estudio, esto debido a que, la gente compara su vida con la de otros y si las experiencias vividas no son positivas o con el nivel que tienen las publicaciones de los demás, automáticamente esto te lleva a infravalorar lo que tienes y desear lo que otros poseen.

Conclusiones

El surgimiento de internet ha dado como resultado el surgimiento de diversas plataformas a través de las cuales las personas pueden manifestar sus experiencias, emociones y sentimientos hacia diferentes aspectos de su vida y la de otros. Esta red universal que llega a todos los rincones del mundo ha abierto posibilidades inimaginables para lograr una comunicación rápida y efectiva. Sin embargo, la misma tecnología que ha abierto estas posibilidades, también puede limitar a las personas, en este sentido, este trabajo desarrolló el tema de las redes sociales y la manipulación social, así, se explicó cómo a través del uso de algoritmos, las redes sociales han sido configuradas para atraer a más personas hacia ellas, esto, no para buscar el bien común sino para lograr un beneficio económico por parte de las grandes empresas o de las personas que son dueñas de estos imperios comerciales. A lo largo del tiempo, dichas empresas se dieron cuenta del potencial que las redes sociales tenían para poder manipular los comportamientos de las personas para favorecer a unos pocos, así que, si bien en un inicio las redes sociales se crearon para compartir experiencias, para tener la posibilidad de comunicarse con conocidos, familiares o amigos que no estaban cerca, ahora, la finalidad tiene que ver con una conformación psicológica de las personas y así de la sociedad. Ataques recientes a la plataforma de Facebook (2017), la culpan de permitir la publicación de noticias falsas y promoverlas en diferentes comunidades. Así, en octubre del 2017, abogados de Facebook, Google y Twitter testificaron en medio de una creciente presión política para investigar a fondo los esfuerzos rusos para influir en la campaña presidencial estadounidense de 2016 y revelar públicamente lo que hicieron. De acuerdo con las investigaciones en torno a este hecho, hasta 126 millones de usuarios de Facebook habrían visto el contenido producido y distribuido por agentes rusos. Twitter dijo que había descubierto que 2.752 cuentas eran controladas por rusos y más de 36.000 *bots* rusos tuitearon 1,4 millones de veces durante las elecciones. Y Google reveló por primera vez que había encontrado 1.108 videos con 43 horas de contenido relacionado con el esfuerzo ruso en YouTube. También encontró $4,700 en búsquedas y anuncios gráficos rusos (Hamza Shaban, 2019). No es un secreto hoy en día, el apoyo que dio el CEO de Facebook, Mark Zuckerberg al candidato presidencial para Estados Unidos, Donald Trump. Más allá de brindar al público una imagen más completa de la intromisión electoral, los expertos dijeron que las audiencias simbolizan un reconocimiento más amplio de la importancia que tienen las plataformas tecnológicas masivas en el discurso y la política estadounidenses (Hamza Shaban, 2019).

Estamos en una época en la que la tecnología ha evolucionado rápidamente, los efectos positivos y negativos han podido verse con el impacto de la misma en diferentes aspectos del complejo social, las redes sociales, el gran producto del siglo XXI, las posibilidades para ayudar a la gente a través de ellas son posibles así como la destrucción masiva de las sociedades y la vida personal. Es importante reflexionar acerca del papel que juega la tecnología en el complejo social vigilarla y controlar el impacto que tiene en la sociedad a partir del cuidado del tiempo que las personas están en las redes sociales y de la manera en que éstas son programadas y para qué fin. De no tener este cuidado, lograremos la destrucción masiva de lo que hoy conocemos como sociedad humana.

Referencias

Brown, E. (2017, September 12). *Plato's ethics and politics in the republic*. Stanford Encyclopedia of Philosophy. https://plato.stanford.edu/entries/plato-ethics-politics/

Brown, J. (2017, December 11). *Former facebook exec: 'you don't realize it but you are being programmed'*. https://gizmodo.com/former-facebook-exec-you-dontrealize-it-but-you-are-1821181133

Chang, J. P., Cheng, J., y Danescu-Niculescu-Mizil, C. (2020). Don't let me be misunderstood: comparing intentions and perceptions in online discussions. *Proceedings of The Web Conference 2020*. doi:10.1145/3366423.3380273

Cheng, J., y Cosley, D. (2013). How annotation styles influence content and preferences. *Proceedings of the 24th ACM Conference on Hypertext and Social Media - HT '13*. doi:10.1145/2481492.2481519

Cheng, J. (2021). *Clr3 / Justin Cheng*. https://clr3.com/

DeFleur, M. L., Ball-Rokeach, S. J., y Chic, S. J. (1985). *Teorías de la comunicación de masas*. Editorial Paidós.

Hamza Shaban, C. (2019). *Facebook, Google and Twitter testified on Capitol Hill. Here's what they said*. https://www.washingtonpost.com/news/the-switch/wp/2017/10/31/facebook-google-and-twitter-are-set-to-testify-on-capitol-hill-heres-what-to-expect/

Harris, T. (2021). *Brain science*. https://www.humanetech.com/brain-science

Harris, T. (2016). *Smartphone addiction is part of the design*. DER SPIEGEL. https://www.spiegel.de/international/zeitgeist/smartphone-addiction-is-part-of-the-design-a-1104237.html

Kemp, S. (2021). *Digital 2021: Global OVERVIEW report - DATAREPORTAL – global Digital insights*. https://datareportal.com/reports/digital-2021-global-overview-report

Lanier, J. (2018). *Diez razones para borrar tus redes sociales de inmediato*. Debate.

Levin, S. (2017). *Facebook told advertisers it can identify teens feeling 'insecure' and 'worthless'*. https://www.theguardian.com/technology/2017/may/01/facebook-advertising-data-insecure-teens

Nails, D., y Monoson, S. S. (2022). *Socrates.* Stanford Encyclopedia of Philosophy. https://plato.stanford.edu/entries/socrates/

Psychologist, J. (2020). *Does social media cause depression?* https://www.scientificamerican.com/article/does-social-media-cause-depression/

Salas, E. (2021). *Redes sociales más POPULARES en México 2020.* https://es.statista.com/estadisticas/1035031/mexico-porcentaje-de-usuarios-por-red-social/

Signorielli, N. (2014). *George Gerbner.* https://www.britannica.com/biography/George-Gerbner.